Werner Fischbach

Turn left, turn right –
Identified

Ein Fluglotse erinnert sich

Impressum:

© 2021 Werner Fischbach

Herstellung und Verlag: BoD – Books on Demand, Norderstedt

ISBN: 978-3-7526-5776-0

Inhalt

Ein Prolog oder der Versuch, den Zweck dieses Buches zu erklären

Ein Buch über Fluglotsen? Muss das sein? Nun ja, darüber kann man, wie über so vieles andere auch, trefflich streiten. Wobei man zu dem Urteil kommen könnte, dass ein Buch über diese Berufsgruppe eigentlich gar nicht notwendig wäre. Denn verglichen zu anderen Berufen ist sie eine verschwindende Minderheit. Auf der anderen Seite könnte man natürlich einwenden, dass die Flugsicherung ein unverzichtbarer Bestandteil des Luftverkehrs ist und die Fluglotsen diejenigen sind, welche den Piloten sagen, wo´s langgeht.

Das ist schon mal was. Und damit wäre auch geklärt, dass Fluglotsen eben nicht jene Menschen sind, die mit zwei Tennisschlägern die ankommenden Flugzeuge auf ihre Parkplätze auf dem Vorfeld einweisen. Die werden als Einweiser oder auf englisch als Marshaller bezeichnet. Dagegen sind Fluglotsen diejenigen, die auf den Kontrolltürmen und in den Kontrollzentralen für eine sichere und im allgemeinen auch für eine zügige Verkehrsabwicklung sorgen. Deshalb passt der Begriff Fluglotse auch nicht so richtig auf die Tätigkeit. Denn ein Fluglotse lotst eigentlich nicht, sondern er kontrolliert den Luftverkehr. Oder genauer gesagt – er kontrolliert, ob die Piloten auch das tun, was er ihnen aufgetragen hat. Deshalb kommt die englische Bezeichnung des Air Traffic Controllers, im weiteren Verlauf des Buches einfach als Controller bezeichnet, der Sache wesentlich näher.

Damit wäre mit wenigen Worten dargelegt, weshalb man ein Buch über Fluglotsen oder Air Traffic Controller schreiben sollte. Dazu kommt, dass es erstens nur den wenigsten bekannt ist, wie es auf dem Tower oder in einer Kontrollzentrale zugeht und weil es zweitens bisher nur wenige Bücher über die Flugsicherung und insbesondere den Job eines Air Traffic Controllers gibt. Die meisten dieser Bücher sind von Flugsicherungsingenieuren für Menschen geschrieben, die sich auf demselben technologischen Level befinden wie die Autoren dieser Werke. Für den normalen Konsumenten und, man kann es glauben oder nicht, auch für den normalen Fluglotsen sind sie mithin unverständlich. Es soll Controller geben, die im Zustand länger anhaltender Schlaflosigkeit zu einem dieser Fachbücher greifen. Meist verstehen sie, obwohl sie täglich mit den dort beschriebenen Systemen und Geräten zu arbeiten haben, nur sehr wenig von dem, was dort beschrieben wird. Konsequenterweise fallen ihnen nach wenigen Minuten die Augen zu und ihr Kopf fällt mit einem Knall auf die Tischplatte. Was irgendwie als kontraproduktiv bezeichnet werden kann. Denn durch den Einschlag der Birne auf den meist etwas härteren Tisch werden sie auf unangenehme Weise aus Morpheus' Armen gerissen und in die schlaflose Realität katapultiert. Was den Controller dann zu der Erkenntnis führt, dass ein Glas französischen Landweins wohl die bessere Medizin gegen Schlaflosigkeit sein dürfte. Deshalb werden die technischen Systeme der Flugsicherung in diesem Buch möglichst so beschrieben, dass sie auch von technischen Laien verstanden werden.

Darüber hinaus soll dieses Buch auch keine nüchterne Beschreibung der Flugsicherung und der Arbeit der Fluglotsen sein. Das können die Pressestellen der Flugsicherungsunternehmer, auf neudeutsch als ANSP (Air Navigation Services Provider) bezeichnet, viel besser. Wobei diese sich selbst immer im besten Licht darstellen und in allen anderen, zum Beispiel in den Berufsorganisationen und Gewerkschaften, den Grund alles Übels sehen. Ohne die lästigen Forderungen und das ständige Gequengel der Lotsen würde alles viel besser funktionieren. Vielmehr soll dieses Buch eine Erinnerung an die Zeiten sein, die der Verfasser dieser Zeilen als aktiver Controller erlebt hat und an die er sich gerne erinnert. Vielleicht ist es – ein wenig Arroganz sei erlaubt - eine viel bessere Beschreibung des Berufs des Air Traffic Controllers und das, was diese von anderen Berufen unterscheidet, was sie denken und was sie fühlen und weshalb sie trotz allen Stresses und allen Unabwägbarkeiten ihren Beruf als den schönsten und interessantesten von allen anderen bezeichnen. Wie gesagt, ein wenig Arroganz sollte erlaubt sein.

Und eines ist dieses Buch auch nicht: es ist kein Heldenepos. Denn Fluglotsen sind keine „Helden". Sie sind auch keine Einzelkämpfer und auch keine „Rambos". Einzelkämpfer, Helden und „Rambos" sind in diesem Beruf fehl am Platz. Weil Helden und Einzelkämpfer zur Selbstüberschätzung neigen und dies genau das ist, was man bei der Flugsicherung am wenigsten gebrauchen kann. Fluglotsen sind Realisten. Flugsicherung ist Teamwork. Ohne

Zusammenarbeit und ohne die Gewissheit, dass die Kollegen am Arbeitsplatz nebenan oder in der „benachbarten", oftmals mehr als hundert Kilometer entfernten Kontrollzentrale mit derselben Professionalität ihren Job verrichten, geht gar nichts. Eine schnelle Auffassungsgabe, eine gewisse Stressresistenz, Teamfähigkeit und ein besonderes Gefühl für Verantwortung sind die Voraussetzungen, die ein Fluglotse für seinen Beruf benötigt. Dabei sind Fluglotsen eigentlich ganz normale Menschen, die nur auf bestimmten Gebieten besonders gut und dafür auf anderen furchtbar schlecht sein können. Und die sich deshalb aufgrund dieser besonderen Fähigkeiten für ihren Beruf qualifiziert haben und ihren Job mit Zufriedenheit und mit einem gewissen Stolz erledigen.

Dieses Buch soll einen Einblick in die Welt der Kontrolltürme und der Kontrollzentralen und die Arbeit der Air Traffic Controller und ihr Selbstverständnis geben. Wenn ich dies einigermaßen geschafft habe, dann hat es sich gelohnt, dieses Buch zu verfassen.

Weshalb braucht man Fluglotsen?

Fluglotsen, das wurde bereits erwähnt, gewährleisten die erforderliche Sicherheit im Luftraum. Mit anderen Worten, sie sorgen dafür, dass sich Flugzeuge, die sich unter ihrer Kontrolle befinden, nicht zu nahe kommen. Man kann auch sagen – dass sie nicht zusammenstoßen. In ihren Vorschriften gibt es ganz zu Beginn einen Begriff dafür: „A safe, efficient and orderly flow of air traffic."

Nun haben irgendwelche klugen Menschen, die sehr wahrscheinlich der Kategorie der Mathematiker zugerechnet werden müssen, etwas – aus der Sicht der Fluglotsen – Ungeheuerliches herausgefunden. Sie haben nämlich festgestellt, dass es nach den Kriterien der Wahrscheinlichkeitsrechnung nahezu unmöglich ist, dass Flugzeuge, die von A nach B, mit jenen zusammenstoßen werden, die von X nach Y fliegen. Was nichts anderes bedeutet, dass man eigentlich gar keine Fluglotsen benötigt.

Um diesem Bedeutungsverlust entgegenzutreten und um nicht den Weg zum Arbeits- respektive zum Sozialamt antreten zu müssen, sind die Fluglotsen oder Air Traffic Controller in Zusammenarbeit mit den Göttern der Internationalen Zivilluftfahrtbehörde ICAO (International Civil Aviation Organisation) auf eine einfache, aber wirkungsvolle Idee gekommen: Sie haben die Flugzeuge gezwungen, auf ganz bestimmten Strecken, den sogenannten Luftstraßen oder Airways zu fliegen (offiziell werden sie als Air Traffic Services (ATS) Routes bezeichnet). Womit die Gefahr eines Zusammenstoßes um einiges zugenommen hat. Und als ob das nicht schon genügend Schikane wäre, haben sie die Flugzeuge auch noch gezwungen, sich nicht nur im Horizontalflug, sondern auch noch in vertikaler Richtung zu bewegen, also Steig- und Sinkflüge durchzuführen. Was das Risiko noch zusätzlich erhöht und die ordnende Hand der Controller unbedingt erforderlich macht. Man kann es auch anders nennen. Die Fluglotsen sind jene Bösewichter, welche die viel besungene Freiheit über den Wolken zunichte machen.

Damit wäre die wichtigste Funktion der Fluglotsen einigermaßen korrekt beschrieben. Doch darüber hinaus haben sie auch noch weitere Funktionen. Denn neben der Aufgabe, ihre fliegende Kundschaft auf sicherem Abstand zu halten, müssen sie bei ihrem Job auch noch andere Dinge berücksichtigen. Da wäre neben dem „safe", also der Sicherheit, auch noch das „efficient" und das „orderly" zu erwähnen. Und hier beginnt die Sache problematisch zu werden. Denn während die ICAO und die nationalen Luftfahrtbehörden ziemlich genau festgelegt haben, was unter „safe" zu verstehen ist, haben beim „orderly" verschiedene Leute, Institutionen und Luftfahrtunternehmen unterschiedliche Vorstellungen.

Dies kann an einem einfachen Beispiel erläutert werden. Wenn die Controller sich dazu entscheiden würden, auf jeder Luftstraße pro Stunde lediglich ein Flugzeug verkehren zu lassen, dann wäre dies ganz zweifellos eine sichere Sache. Obwohl sie auch dann irgendwie dafür sorgen müssten, dass sich diese nicht gerade bei den Kreuzungen von zwei Luftstraßen treffen. Aber irgendwie könnte man dies schon hinkriegen. Oder wie es einer meiner früheren Vorgesetzten einmal ausdrückte: Das schafft auch ein gut dressierter Rhesusaffe. Allerdings wäre ein derartiges Verfahren alles andere als wirtschaftlich. Deshalb müssen die Fluglotsen dafür sorgen, dass es brummt. Mit anderen Worten – sie müssen den zur Verfügung stehenden Luftraum so ausnutzen, dass sie die größtmögliche Zahl von Flugzeugen darin unterbringen.

Nun haben Fluglotsen feststellen müssen, dass die Experten in Sachen Flugsicherung gar nicht in den Kontrolltürmen und –zentralen sitzen, sondern – in eingeschränktem Maße – in ihrer Unternehmenszentrale, im Verkehrsministerium und in Chefetagen der Fluggesellschaften. Denn die wissen viel besser als die Controller, was unter einem „efficient and orderly flow of air traffic" zu verstehen ist. Vor allem dann, wenn ihre Flüge an ihrem Zielflughafen in den Warteräumen, den „Holding Patterns" unnötig Sprit verbrennen oder wenn sie beim Abflug verspätet sind. Egal, ob das Wetter zu schlecht ist oder die Kapazität des jeweiligen Flughafens mal wieder überschritten ist – die Flugsicherung, sprich die Fluglotsen, sind immer schuld. Zugegeben, einige der Airlinechefs beklagen eine ineffiziente europäische Flugsicherungsorganisation und zeigen nicht auf die Controller. Dennoch fühlen sich die Controller immer ein wenig mit an den Pranger gestellt. Womit wir bei einer weiteren wichtigen Funktion der Fluglotsen wären. Nämlich der des Sündenbocks!

Controller müssen diese Rolle nicht nur übernehmen, wenn es in der Abwicklung des Luftverkehrs nicht so läuft, wie sich dies die Protagonisten bei den Fluggesellschaften und den Flughäfen vorgestellt haben. Denn ein ganz wichtiger Punkt, den die Fluglotsen berücksichtigen müssen, ist der Lärmschutz. Während der Nacht kommt dieser Punkt gleich nach der Sicherheit; Wirtschaftlichkeit ist dann nicht so wichtig. Dass dies so ist, liegt wohl an jenen Bürgern, die sich in den Anliegergemeinden zu Lärmschutzvereinigungen zusammen gefunden haben und sich zum Ziel gesetzt haben, das Abendland vom Untergang, sprich die Bürger vom Fluglärm zu bewahren. Und wenn es dann einmal wieder zu laut war, dann ist natürlich einmal wieder die Flugsicherung, sprich der Controller gewesen, der ihnen ein an- oder abfliegendes Luftfahrzeug im Tiefflug über die Hütte gejagt hat. Manchmal könnte man zu der Erkenntnis kommen, dass Fluglotsen wegen einer Staffelungsunterschreitung (ein Umstand, der im Laufe des Buches noch erläutert wird) weniger gerügt würden als wenn ein

Flughafenanwohner bei abendlichen Dämmerschoppen durch den Lärm eines Flugzeugs gestört wird.

Das wären also die wichtigsten Funktionen der Fluglotsen. Doch bevor nun darangegangen wird, wie Flugsicherung in der Praxis gemacht wird (oder zu meiner Zeit gemacht wurde), kann ein Blick in die Geschichte der Flugsicherung nicht schaden. Schließlich sind Fluglotsen ja nicht einfach vom Himmel gefallen und haben sich in den Kontrollstellen häuslich eingerichtet. Irgendwann muss ja die Notwendigkeit für diese Aufgabe festgestellt worden sein...

Ein bisschen Geschichte zum Anfang

Wann der erste Fluglotse seinen Dienst aufgenommen hat, ist nicht eindeutig festzustellen. Darüber hat wohl jeder Staat oder genauer gesagt, jede Nation so seine bzw. ihre eigenen Vorstellungen. Die sich vielleicht an deren realen oder auch eingebildeten Rolle in der Geschichte orientiert. Luftfahrtpioniere müssen eben ganz einfach auch Flugsicherungspioniere sein. In Deutschland zum Beispiel wurde bereits 1911 ein Luftfahrtwarndienst eingerichtet. Leider kam einem weiteren Ausbau der Erste Weltkrieg dazwischen, um diese Institution weiter zu entwickeln. Aber kurz danach ging es los, als 1918 beschlossen wurde, die Belange des Luftverkehrs durch ein Reichsluftamt zu regeln. 1927 war das erste Mal von Flugsicherung die Rede. Genau von der Zentralstelle für Flugsicherung (ZfF), die 1933 zum Reichsamt für Flugsicherung mutierte und später in das Reichsluftfahrtministerium (RLM) integriert wurde. Was irgendwie konsequent war. Schließlich hatte Hermann Göring als oberster Luftfahrtzampano und (späterer) Oberbefehlshaber der Luftwaffe entschieden, dass alles, was fliege, ihm gehöre. Und da mussten diejenigen, die fürs Fliegen irgendwie gebraucht wurden, eben auch unter seine Fittiche schlüpfen. Die damaligen Verfahren wie zum Beispiel das Durchstoß- oder das „zz"-Verfahren muten aus heutiger Sicht allerdings etwas exotisch an. Doch der Fortschritt ließ sich nicht aufhalten. Bereits 1932 hatte die Lorenz AG ein UKW-Landefunkfeuer entwickelt, das man bei gutem Willen als einen Vorläufer des heutigen Instrumentenlandesystems (ILS) bezeichnen kann.

Allerdings behaupten die Amerikaner, dass der erste wirkliche Fluglotse bereits 1929 auf dem St. Louis Airfield, dem heutigen Lambert St.Louis International Airport, seinen Dienst aufgenommen habe. Was die bereits aufgestellte Theorie, dass diejenige Nation, die sich selbst als die Nation der Luftfahrtpioniere betrachtet, auch automatisch Pionierleistungen auf dem Gebiet der Flugsicherung erbracht haben muss, untermauert. Schließlich bestehen die Amerikaner ja auch darauf, dass die Gebrüder Wright den ersten Motorflug durchgeführt haben. Zumindest war es der erste dokumentierte Flug mit einem motorgetriebenen Fluggerät. Wie dem auch sei – der erste Air Traffic Controller der Welt hieß Archie William League, war ausgebildeter Pilot und wurde 1929 in St. Louis angestellt. Sein „Kontrollturm" bestand aus einer Schubkarre, auf welchem er – um sich gegen die Sonne zu schützen - einen Sonnenschirm angebracht hatte. Den Flugverkehr dirigierte er mit Flaggen. Eine war mit einem Schachbrettmuster versehen und stand für „GO", was einer Start oder Landefreigabe gleich kam. Die andere war rot und das bedeutete HOLD. Doch bereits 1930 wurde ein „richtiger" Kontrollturm errichtet, der mit Funk ausgerüstet wurde. League wurde dadurch zum ersten „Radio Air Traffic Controller" der Welt.

Allerdings gibt es noch eine weitere Version über den bzw. die ersten Air Traffic Controller, den bzw. die mein Freund Rudi Rödig in seinem Buch „Himmel, Arsch und Zwirn! Auch Fliegen will gelernt sein"[1] bereits der Antike zugeordnet hat. Und zwar bei der Untersuchung eines Flugunfalls der griechischen Firma Dädalus & Sohn, bei welchem der Juniorchef, ein Mann namens Ikarus, bei seinem ersten Flug abgestürzt war. „Über die genaue Absturzursache", so

---

[1] Rudi Rödig / Karl Friedrich Krohn: „Himmel, Arsch und Zwirn" Auch Fliegen will gelernt ein", 2007,

Rudi, „kann nur spekuliert werden." Nicht ganz ausgeschlossen ist jedoch, dass „es im Vorfeld des Absturzes auch zu einem Beinahe-Zusammenstoß mit einem anderen Luftfahrzeug kam", dem von Flugkapitän Helios pilotierten Sonnenwagen. Da Kapitän Helios seine im Flugplan angegebene Standardstrecke nicht verlassen hatte, würde dies eventuell auf eine Beteiligung der griechischen Flugsicherung hindeuten, zumindest als ´contributing factor`". Dass darüber keine ausführlichen Berichte vorliegen, ist auch nicht erstaunlich. Schließlich besaß „Kapitän Helios ... als Gott in der Antike einen Status, der in etwa dem eines hochrangigen Militärpiloten im heutigen Griechenland entspricht. So verwundert es nicht , dass von ihm keine Aussagen zum Unfallhergang vorliegen." Meint mein Freund Rudi.

Möglicherweise, so ist zu ergänzen, war Ikarus gar nicht dem Sonnenwagen von Helios zu nahe gekommen oder mit ihm kollidiert, sondern mit einem Luftfahrtgerät einer ganz anderen Mythologie. Zum Beispiel mit dem Sonnenwagen von Trundholm, welcher nordischen Gottheiten zugeordnet wird. Zudem wären die griechischen Fluglotsen in Ermangelung internationaler Regeln und einer einheitlichen Luftfahrtsprache einfach nicht in der Lage gewesen, auf die Annäherung der beiden Luftfahrzeuge entsprechend zu reagieren. Wie man sieht, war bereits in der Antike die Notwendigkeit einer internationalen Luftfahrtorganisation gegeben, die dann als ICAO (International Civil Aviation Organisation) erst 1944 in Montreal das Licht der Welt erblickt hat.

Wie dem auch sei – mit dem Zusammenbruch des Deutschen Reiches 1945 wurde auch die Reichsflugsicherung beerdigt. Danach wurde Flugsicherung im Süden Deutschlands von der US Air Force, im Norden vom britischen Civil Aviation Board (CAB) und im Osten von den sowjetischen Streitkräften durchgeführt. Zumindest die US Air Force und das CAB stellten schon recht bald Deutsche als Fluglotsen ein. Die Briten begannen bereits 1949 mit der Ausbildung deutscher Controller, die Amerikaner 1951. Im Osten Deutschlands dauerte das etwas länger, was möglicherweise daran lag, dass dort zusätzlich auch noch der Sozialismus weiterentwickelt werden musste.

Viele ehemalige Luftwaffenangehörige sind damals zur Flugsicherung gekommen. Sie waren gewissermaßen die personelle Basis, auf der später dann die deutsche Flugsicherung aufbauen konnte. Und sie, geprägt durch den Krieg sowie ihre Erlebnisse und Erfahrungen bei der deutschen Luftwaffe, bestimmten auch das Betriebsklima und den Umgangston in der „Firma". Mit anderen Worten: für Mimosen war es nicht ganz einfach, da zu bestehen. Und für Frauen auch nicht. Zumindest für einen Teil der alten Haudegen waren Frauen als Controller so undenkbar wie ein Schneesturm an einem heißen Augusttag. Einer der ersten Münchner Towerchefs, der übrigens kein Bayer, sondern ein Schwabe war, hatte es, so wird berichtet, auf den Punkt gebracht: „In mein´ Tower kommet koine Weiber!" Es war fast wie bei der Marine. Dort galt früher das Motto: „Wer im Stehen nicht über die Reling pinkeln kann, hat an Bord nichts zu suchen!" Die Zeiten haben sich glücklicherweise geändert. Frauen haben sich sowohl bei der Flugsicherung als auch bei der Marine ihren Platz erobert. Und das ist auch gut so. Der Umgangston ist wesentlich ziviler geworden.

Am 7. Juli 1953 gingen die Aufgaben der Flugsicherung an die Bundesanstalt für Flugsicherung (BFS) über; im Januar 1993 übernahm die privatrechtlich organisierte Deutsche Flugsicherung GmbH (DFS), die jedoch zu 100% im Besitz des Bundes ist, die Flugsicherung.

Im Osten dauerte es, wie bereits erwähnt, etwas länger. Zwar hatte es zu den Messezeiten in Leipzig so eine Art „Miniflugsicherung" unter deutscher Leitung gegeben. Offiziell wurde es jedoch am 28. Mai 1955, als die UdSSR den Flughafen Berlin-Schönefeld an die DDR übergab. Für den Flugbetrieb und die Flugsicherung war die ostdeutsche Lufthansa, die spätere Interflug, zuständig.

Wie wird man eigentlich Fluglotse?

Wie es im Leben eben so ist. Um einen bestimmten Job zu bekommen, muss man sich irgendwo bewerben. Das ist bei Fluglotsen nicht anders. Mit einem kleinen Unterschied. Es gibt nämlich nicht so viele Firmen, die Fluglotsen beschäftigen. Damals, als der Verfasser dieser Zeilen sich in den Kopf gesetzt hatte, zukünftig vor einem Radarschirm oder in einem Tower zu sitzen und für Außenstehende in englischer Sprache schwer verständliche Sätze in ein Mikrofon zu sprechen, gab es die BFS, die Bundesanstalt für Flugsicherung. Das war eine Behörde und die Fluglotsen waren Beamte. Und deshalb musste, wer damals in Deutschland Fluglotse werden wollte, auch einen deutschen Pass haben. Oder irgendein Papier, das bestätigte, dass der Inhaber desselben die deutsche Staatsangehörigkeit besitzt.

Natürlich gab es Alternativen zur BFS. Da war auf der einen Seite die Bundeswehr. Die brauchte auch Fluglotsen, um die Flugzeuge und Hubschrauber der Luftwaffe, der Marine und des Heeres auf den richtigen Weg zu geleiten. Doch das war für mich nichts. Denn da musste man ja Soldat werden. Und das hatte ich gerade hinter mir. Schließlich hatte ich bereits acht Jahre bei der Marine verbracht und wollte nicht schon wieder Mitglied in diesem Verein werden. Allerdings gab es noch zusätzliche Möglichkeiten, Air Traffic Controller zu werden. Die eine nannte sich Eurocontrol und die andere war, Fluglotse an einem Regionalflughafen zu werden. Dummerweise wurde die erste Möglichkeit für hoffnungsvolle Fluglotsenaspiranten irgendwie als geheime Kommandosache behandelt. Weshalb, ist bis heute unbekannt. Vielleicht weil man bei Eurocontrol wesentlich mehr Geld verdienen konnte als bei der BFS. Und der Job bei einem Regionalflughafen schied auch irgendwie aus. Ganz einfach, weil man sich als Fluglotse in spe gar nicht vorstellen konnte, dass die Controller an den Regionalflughäfen gar nicht bei der BFS, sondern bei den jeweiligen Flughäfen angestellt waren. Zumindest damals. Heute ist das ein wenig anders. Denn Flugsicherungsaufgaben dürfen nur von einem zertifizierten Flugsicherungsdienstleister durchgeführt werden. So kommt es, dass die Fluglotsen an den Regionalflughäfen entweder bei der DFS Towercompany (eine Tochter der DFS) oder bei Austrocontrol angestellt sind. Einige dieser

Regionalflughäfen haben sich auch noch als Flugsicherungsdienstleister zertifizieren lassen. Und sind dadurch gleichzeitig Flughafenbetreiber und Flugsicherungsdienstleister. Ob dies sinnvoll ist, sei dahingestellt. Besonders wenn sich irgendwann Zielkonflikte zwischen der Flugsicherung (Abwicklung eines sicheren Luftverkehrs) und der Flughafengesellschaft (Erzielung eines wirtschaftlichen Gewinns) ergeben könnten.

Dass die BFS inzwischen das Zeitliche gesegnet hat und nun die Deutsche Flugsicherung GmbH (DFS) für die Flugsicherung in Deutschland zuständig ist, wurde bereits dargelegt. Die anderen zwei Möglichkeiten gibt es jedoch immer noch. Und nicht nur das. Heute kann, wer Fluglotse werden möchte, sein Glück auch in der Schweiz, in Österreich oder gar in Südafrika versuchen. Oder sonst wo auf der Welt.

Wenn dann die (damalige) Firma, also die BFS, der Meinung war, dass der Bewerber irgendwie zu ihr passen würde, er nicht zu alt und nicht vorbestraft war und offensichtlich auch nicht die Absicht hatte, gewissermaßen im Nebenjob eine kriminelle Karriere einzuschlagen, zusätzlich auch noch das Zeugnis der

Hoch- bzw. Fachhochschulreife vorzeigen konnte, dann wurde dieser zu einem Eignungstest eingeladen. Und da wurden dann die Belastung und die Konzentrationsfähigkeit des Bewerbers getestet. Das ging damals natürlich noch nicht mit irgendwelchen elektronischen Hilfsmitteln. Man befand sich noch im analogen Zeitalter. Aus heutiger Sicht gewissermaßen noch in der Steinzeit. Ein Test, bei welchem offensichtlich die Konzentrationsfähigkeit getestet wurde, bestand in der Aufgabe, in endlosen Spalten aufgeführte einstellige Zahlen zu addieren und das Ergebnis zwischen diesen Zahlen zu vermerken. Nach jeweils zehn Minuten musste ein Strich unter die Zahlenreihe gezogen werden. Die ganze Übung dauerte eine Stunde und es war kaum zu glauben, dass man gegen Ende der Übung Schwierigkeiten hatte, sechs und sieben zu addieren. Und dann gab es noch ein Interview mit irgendwelchen Gurus, unter welchen sich wohl auch ein Psychologe geschmuggelt hatte. Die wollten nun herausfinden, ob der hoffnungsvolle Aspirant nicht nur belastungsresistent und konzentrations-, sondern auch teamfähig ist. Und er überhaupt zur BFS passte.

Heute ist dies natürlich etwas anders. Schließlich leben wir ja nicht mehr in der analogen Steinzeit, sondern in einer modernen digitalen Ära. Der Fortschritt lässt sich bekanntlich nicht aufhalten. Heute werden die Fluglotsen in spe zu einem mehrtägigen Test zum DLR, dem Deutschen Zentrum für Luft- und Raumfahrt, nach Hamburg geladen und mit wesentlich wissenschaftlicheren Methoden auf ihre Eignung untersucht. Der Test ähnelt jener Untersuchung, mit welchem die Lufthansa ihren fliegerischen Nachwuchs auswählt und ist deshalb nicht gerade einfach. Die Durchfallquote ist deshalb auch entsprechend hoch. Ob die DFS mit diesem Test allerdings auch bessere Controller findet als die alte BFS mit ihren damaligen Methoden, ist noch nicht endgültig geklärt.

Die letzte Hürde, die dann noch zu nehmen ist, besteht im „Medical". Das heißt, der Fliegerarzt muss sein o.k. geben. Blinde, Lahme und Taube werden diese Hürde wohl kaum schaffen. Wobei es zu damaligen Zeiten ein besonderes Kuriosum gab. Auf der einen Seite mussten Fluglotsen in der Lage sein, ihre Sehkraft mit einer Einrichtung, die im normalen Leben als Brille, im Beamtendeutsch (schließlich war die BFS ja eine Behörde) als Sehhilfe bezeichnet wurde, auf 100 Prozent korrigieren zu können. Auf der anderen Seite durfte ein Controller auf einem Auge ruhig blind sein, wenn er mit dem anderen so scharf sehen konnte wie ein Adler! Ob diese Regelung heute noch besteht, entzieht sich meiner Kenntnis. Aber damit bekam die Redensart, nach welcher ein Einäugiger unter den Blinden König wäre, eine ganz neue Bedeutung. Allerdings – einem Blinden bin ich bei der Flugsicherung nie begegnet. Zumindest nicht bei den Controllern und ihren Assistenten, den Flugdatenbearbeitern.

Wer dann die letzte Hürde geschafft hatte, dem flatterte dann eines Tages eine Einladung ins Haus. Mit welcher man aufgefordert wurde, sich an einem bestimmten Tag zum Dienstantritt bei der Flugsicherungsschule in München zu melden. Womit der erste Schritt zu einer hoffnungsvollen Fluglotsenkarriere getan war. Allerdings sollten weitere noch folgen.

Am Anfang stehen Theorie und Simulation

Als wir als hoffnungsvolle Fluglotsenschüler an der Flugsicherungsschule München-Riem einrückten, war mir der Name Heino Caesar, hochgeachteter und von manchen vielleicht auch gefürchteter Sicherheitspilot der Lufthansa, noch kein Begriff. Und sein Buch[2], in welchem er den ersten Teil seiner Memoiren festgehalten hat, war damals noch nicht geschrieben. Inzwischen habe ich es gelesen und mir ist seine Charakterisierung jener Menschen, welche die Pilotenanwärter der Lufthansa in die Geheimnisse der Flugverkehrskontrolle eingewiesen haben, in Erinnerung geblieben. Es handelte sich, so Caesar, um „ehemalige Fluglotsen, die auf den Kontrolltürmen alliierter Militärplätze und den von Ausländern angeflogenen Flughäfen gelernt hatten und sich durch außerordentliche Trinkfestigkeit, aber nur geringes pädagogisches Talent auszeichneten.“ So hätte man zumindest einige, jedoch nicht alle unserer Lehrer auf der Flugsicherungsschule durchaus beschreiben können. Nur wenige von ihnen, so schien es, waren nach München gekommen, weil sie sich

---

[2] Heino Caesar: Straße zum Himmel, Books on Demand

berufen fühlten, uns Nachwuchslotsen das entsprechende Rüstzeug an die Hand zu geben. Zu diesen Ausnahmen zählte auch jener Lehrer, der uns im Fach Flugverkehrskontrolle unterrichtete und sich innerhalb der Flugsicherung eines ausgezeichneten Rufs erfreute. Andere wiederum waren nach München gekommen, weil sie sich nicht länger dem Stress des Kontrolldienstes aussetzen wollten, weil sie vom Fliegerarzt ausgemustert worden waren oder schlicht und einfach einen der gut dotierten Posten an der Schule ergattern wollten.

Am Anfang stand die Theorie. Viel Theorie. Regeln für Sicht- und Instrumentflüge, die Aufteilung des Luftraums in verschiedene Kategorien, welche Regeln in den einzelnen galten und die Aufgaben der unterschiedlichen Kontrollstellen. Schließlich ist Controller nicht gleich Controller. Da gab und gibt es die Platz- und Anflugkontrollstellen, also Tower (TWR) und Approach (APP), wobei letztere als Approach Control Office bezeichnet wird. Und dann gab es die Bezirks- bzw. Bereichskontrollstellen für den Unteren und den Oberen Luftraum. Area Control Centers (ACC) und Upper Area Control Centers (UAC). Letztere wurden von uns, die später als

Tower- und Approachcontroller arbeiteten, als „Dünnluftlotsen“ bezeichnet. Weil sie (damals) den Luftverkehr über Flugfläche 240, also in der „dünnen“ Luft kontrollierten. Dort, wo die Flugzeuge Kondensstreifen hinter sich herziehen. Andere Dinge waren zu lernen. Wie zum Beispiel der Unterschied zwischen einer Flugfläche (Flight Level) und der Flughöhe (Altitude), was für die späteren Tower- und Approachcontroller von Bedeutung war. Und last but not least wurden wir in jene Sprache eingewiesen, die sich irgendwie auf die englische bezog und mit denen Piloten und Controller miteinander kommunizieren. Die natürlich, um Missverständnisse auszuschließen, genormt ist und unter dem Begriff „Phraseology“ bekannt geworden ist. Genau festgelegt sind auch die Verfahren, wie die Luftfahrzeuge von einem Controller an den anderen übergeben werden. Das heißt, wie die Flüge zwischen den einzelnen Kontrollstellen koordiniert wurden.

Meteorologie wurde natürlich auch unterrichtet. Und Navigation. Terrestrische und Funknavigation. Und wir bekamen einen ganz besonderen Rechenschieber in die Hand gedrückt, der eigentlich eine Scheibe war. Ein faszinierendes Gerät, das als „Drehmeier“

bezeichnet wurde. Als Navigationslehrer „genossen“ wir einen Mann, der sich den Ruf einer Legende erarbeitet hatte und der die Richtigkeit seiner Thesen sowie seiner Autorität mit dem Ausspruch „I could prove it mathematically, but You wouldn´t understand it anyhow“ untermauerte. Über diesen Mann wird noch heute von jedem, der von ihm unterrichtet worden war, mit Hochachtung gesprochen.

Dass das Luftfahrthandbuch und diverse ICAO-Dokumente wichtige Stützen waren, braucht nicht besonders betont werden. Die wichtigste Vorschrift war jedoch die BA-FVK (heute nennt sich das Ding BA-FVD). Diese Abkürzung stand für „Betriebsanweisung für den Flugverkehrskontrolldienst“ und beinhaltete die Verfahren der Flugverkehrskontrolle. Dort waren natürlich auch die Abstände, die zwischen den einzelnen Luftfahrzeugen angewendet werden mussten, festgelegt. Sie werden als Staffelungsmindestwerte oder „separation minima“ bezeichnet. Dabei wird zwischen Verfahren mit oder ohne Radar unterschieden, wobei letztere als konventionelle Kontrollverfahren bezeichnet wurden.

Mir kamen diese „conventional separation procedures" immer als eine Art schwarze Magie vor. Aber es half nichts – wir mussten sie lernen und auswendig beherrschen.

Dass ich die dann später, wenn auch sporadisch, in der Praxis anwenden musste, konnte ich mir auf der Flugsicherungsschule nicht vorstellen. Schließlich hatte die Flugsicherung doch Radar, oder? Auch da gab es unterschiedliche Mindestabstände und dass man auch die auswendig kennen musste, ist leicht einzusehen. Schließlich kann ein Controller nicht jedes Mal nachschauen, wie die jeweiligen Luftfahrzeuge auseinander zu halten waren. Der Mindestabstand betrug und beträgt (bis auf ganz wenige Ausnahmen) auch heute noch drei Seemeilen horizontal und 1 000 Fuß vertikal. Wenn wir dann später aus dem Urlaub oder einer sonstigen längeren Abwesenheit unseren Dienst wieder aufnahmen und uns erst einmal mit Neuigkeiten und Änderungen vertraut machen mussten, war die erste Frage: „Gilt das noch mit den drei Meilen und den 1 000 Fuß?"

Nach einem viermonatigen Praktikum auf dem Gebiet der Flugdatenbearbeitung, des Flugberatungsdienstes und des Fernmeldedienstes, bei welchem wir zum ersten Mal ein wenig in der Praxis schnüffeln konnten, ging es wieder zurück an die Flugsicherungsschule. Das bereits vorher Gelernte wurde vertieft. Vor allem durften wir uns zum ersten Mal als Fluglotsen bewähren. Zwar nicht in der Praxis, sondern am Simulator.

In der ersten Phase ging es in die Towersimulation. So etwas wie einen Simulator gab es damals allerdings noch nicht. Vielmehr hatten wir uns unter der Aufsicht unserer Lehrer um einen Tisch versammelt, auf welchem ein Flughafen aufgemalt war. Mit einer Piste, Rollbahnen und einem Vorfeld. Einer von uns musste den Controller spielen, die anderen die Piloten an- und abfliegender Luftfahrzeuge. Dazu hielt jeder ein Flugzeugmodell in der Hand bzw. bewegte es auf dem aufgemalten Flughafengelände oder in einer imaginären Platzrunde. Das war irgendwie lustig. Besonders wenn man, mit dem Modell einer Cessna C172 in der Hand den Tisch entlang lief, sich beim Tower mit „Delta Echo Kilo entering downwind runway 25“ meldete und sich gleichzeitig mit einer Geschwindigkeit bewegte, die in der Realität etwa der

doppelten Schallgeschwindigkeit entsprochen hätte.
Dass der Lerneffekt nicht besonders groß war, ist
leicht zu einzusehen. Weshalb unser Lehrer den Teil
der Towersimulation relativ schnell abbrach und uns
versuchte, die Verfahren der Platzkontrolle so gut wie
möglich in der Theorie beizubringen. Bleibt noch
anzumerken, dass die Flugsicherungsakademie heute
über einen leistungsfähigen Towersimulator verfügt.

Wesentlich realistischer ging es im Radarsimulator
zu, wo wir uns sowohl in der Strecken- als auch in der
Anflugkontrolle versuchten. Die Piloten, mit denen
wir uns auseinanderzusetzen hatten, befanden sich in
einem anderen Raum und setzen unsere
Anweisungen in entsprechende Flugmanöver um.
Allerdings war auch dieses Übungsgerät nur ein
Simulator. Denn man konnte, um ein
Staffelungsproblem zu lösen, die Piloten bzw. die
betreffenden Luftfahrzeuge zu Manövern auffordern,
die diese in der Realität niemals ausführen konnten.
So war es möglich, eine etwas untermotorisierte Piper
Seneca zu einer Steigflugrate von 4 000 Fuß pro
Minute aufzufordern oder eine Boeing 727 im
Endanflug bis zu einer Geschwindigkeit zu
reduzieren, bei welcher das Flugzeug in der Praxis

vom Himmel gefallen wäre. Da unsere Piloten nur in den seltensten Fällen im Besitz eines Pilotenscheins waren, haben sie unsere Anweisungen denn auch brav umgesetzt. Allerdings fanden wir damit bei unseren Ausbildern wenig Verständnis. Meist gab es für uns einen ordentlichen „Anschiss" und einen negativen Vermerk in den Unterlagen. Dennoch hatten wir es dann irgendwie geschafft. Und konnten nun als Fluglotsen auf den Luftverkehr losgelassen werden. Zumindest in der Theorie. Denn „draußen" mussten wir noch unsere örtlichen Zulassungen, formal als Berechtigung oder Rating bezeichnet, erwerben. Die Bewährungsprobe stand also noch bevor.

Mit der Aufwertung der Flugsicherungsschule zur Akademie und dem Umzug von München-Riem ins hessische Langen mutierte der Radarsimulator (RaSi) übrigens zum Ausbildungssimulator (ASIM). Was einige Kollegen zu der Bemerkung veranlasste, dass in Langen nun alles besser werde. Denn nun würde nicht mehr Radar, sondern Ausbildung simuliert.

Die „Trainee" – Zeit

Eine der ersten Herausforderungen, die wir als „Trainee", also als Fluglotsenlehrling, zu bewältigen hatten, war der „Kantinen-Run". Denn wenn während der Frühschicht jene Zeit anbrach, zu welcher gestandene Männer, also unsere Ausbilder („Coaches"), ein zweites Frühstück einzunehmen gedachten, galt es für die „Trainees" die erste Bewährungsprobe zu bestehen. Wir schnappten uns Zettel und Kugelschreiber, wanderten von Fluglotse zu Fluglotse bzw. Flugdatenbearbeiter und fragten ergeben nach deren Wünschen. War die Liste dann abgeschlossen, machten wir uns auf den Weg zur Kantine und kauften entsprechend ein. Besonders wichtig war, dass hinterher die „richtige" Ware dann auch entsprechend der Bestellung an den „richtigen" Controller übergeben wurde. Das war gar nicht so einfach, denn deren Wünsche waren oft sehr unterschiedlich. Es ging ja nicht nur darum, ein mit Leberkäse belegtes Brötchen auszuliefern. Vielmehr musste ja auch berücksichtigt werden, dass der eine Kollege eine kleinere Scheibe mit etwas mehr und der andere eine etwas größere Scheibe mit mehr mit etwas oder etwas weniger Senf haben wollte.

Weniger anstrengend war es, die Kollegen mit Kaffee zu versorgen. Dafür musste diese Übung dann auch des öfteren durchgeführt werden. Flugsicherung ohne Kaffee ist ein Ding der Unmöglichkeit. Natürlich mussten wir den Kaffee nicht selbst kochen. Diese Aufgabe wurde von speziell hierfür ausgesuchten Kollegen übernommen. Aber wir mussten unsere „Coaches" mit dem Getränk versorgen. Und da hatte jeder so seine besonderen Wünsche. „Schwarz ohne Zucker" war das einfachste. Aber dann gab es Kollegen, die nur ganz wenig Milch und dafür viel Zucker und andere, die viel Milch und dafür wenig Zucker im Kaffee haben wollten. Oder von beidem recht ordentlich. Besonders hohe Hürden hatte ein Kollege aufgestellt, bei welchem das Getränk eine ganz bestimmte Färbung haben musste: „Mulattinnenoberschenkel, Innenseite!"

Welch hohe Bedeutung Kaffee für die Durchführung der Flugverkehrskontrolle hat, sei an zwei Episoden geschildert. Die eine soll sich an einer größeren Kontrollstelle im Westen der alten Bundesrepublik ereignet haben. Da hatten sich bei der Frühschicht einige Lufthansapiloten angemeldet, die ATC mal besuchen und sehen wollten, wie das eigentlich da so vor sich geht. Und was so ein Controller bei seiner Tätigkeit alles zu beachten hat. Solche Besuche waren bei uns hoch willkommen. Der Wachleiter der Frühschicht hatte seine Truppe auf den hohen Besuch hingewiesen und sie gebeten, sich anständig zu benehmen. Das funktionierte auch ganz gut und die Piloten waren von der Tätigkeit der Controller sehr angetan. Bis auf den Moment, als die Tür zum Kontrollraum geöffnet wurde, ein junger Mann ein fahrbares Tablett hereinrollte und laut und unmissverständlich „Kaffee!" brüllte. Wobei sämtliche Controller ohne Rücksicht auf die jeweilige Verkehrslage ihren Arbeitsplatz nahezu fluchtartig verließen und sich auf den Kaffee stürzten.

Die andere Episode soll sich in den USA ereignet haben. Da hatte eine junge Journalistin den Tower eines nicht gerade verkehrsarmen Flughafens besucht, um sich über die Tätigkeit der Controller zu erkundigen. Als sie dann den Wachleiter fragte, ob sich auf dem Tower denn schon einmal ein Notfall ereignet hatte, antwortete dieser: „Yes, Madam. It was when the coffeemachine was out of service!"

Daneben wurden wir natürlich auch auf den jeweiligen Arbeitspositionen ausgebildet. Das begann bei mir auf dem Tower. Beginnend auf der „Ground-Position", also jener Tätigkeit, bei welcher den Kunden die Freigabe, die Triebwerke anzulassen („Start-Up-Clearance"), sowie die erforderliche Rollfreigabe, also die Anweisung über welche Rollbahnen sie zu der Piste sollten, erteilt werden. Dazu kommt die sogenannte Streckenfreigabe, die dem Piloten mitgeteilt wird und die von ihm auch wiederholt (zurückgelesen) werden musste. Man musste ja sicher gehen, dass die Piloten das auch richtig verstanden hatten. Natürlich war es erforderlich, eine optimale Reihenfolge bei den zum Start rollenden Flugzeugen zu erstellen, um das bereits erwähnte Prinzip der „safe and orderly flow of air traffic" gewährleisten zu können. Dazu galt es diverse Bodenverkehrsfahrzeuge (Follow-Me´s, Check-Cars, Wartungsfahrzeuge und ähnliches) auf den Rollbahnen zu kontrollieren und ihnen, in Absprache mit dem sogenannten „local controller", auch die Erlaubnis zu erteilen, die Piste sowie den

Sicherheitsbereich derselben zu befahren. Das war manchmal gar nicht so einfach. Vor allem, wenn am Flughafen Wetterbedingungen herrschten, bei welchen die Vögel es vorzogen, zu Fuß zu gehen oder Schnee und Eis die Bewegungsfreiheit etwas einengten. Eine meiner „Glanzleistungen" als Trainee bestand übrigens darin, dass sich zwei B727 (eine der Lufthansa und eine der legendären PanAm) auf einem Schnellabrollweg gegenüberstanden....

Danach ging es auf die Position des „Local Controllers". Diese Aufgabe ist etwas diffiziler, denn die Aufgabe dieses Controllers besteht darin, Flugzeuge zum Start und zur Landung freizugeben und an- und abfliegende Sichtflüge (VFR-Verkehr) in die Abfolge des IFR-Verkehrs (Flüge nach Instrumentenflugregeln) zu integrieren. Was manchmal nicht ganz einfach war. Besonders wenn an einem schönen Sonntag Abend alle Privatpiloten, die mit ihren Cessnas, Pipers und Mooneys in der berühmten halben Stunde zwischen Sonnenuntergang und Nachtzeit nachhause kamen und natürlich schnellst möglich landen wollten. Weil sie nachts eigentlich gar nicht fliegen durften bzw. nur mit einer entsprechenden Ausbildung und mit einer von der

Flugsicherung erteilten VFR-Nacht-Freigabe. Da die meisten der VFR-Piloten diese Ausbildung nicht genossen hatten bzw. dafür nicht lizensiert waren, wollten alle noch vor Beginn der Nachtzeit zuhause sein. Gewissermaßen auf den letzten Drücker.

Wenn dann auch noch unglücklicherweise der IFR-Verkehr zunahm, dann passte das manchmal nicht so richtig. Weil ein VFR-Pilot unter einem kurzen Anflug etwas anderes verstand als der Controller sich das so vorgestellt oder weil man sich schlicht und einfach verkalkuliert hatte. Dann klappte das nicht mehr mit der Staffelung auf der Piste. Denn die besagt, dass sich auf der Start- und Landebahn nur ein, sich in Bewegung befindliches Flugzeug aufhalten darf (auf Ausnahmen wie „reduced runway separation" soll hier nicht eingegangen werden). Wenn also ein gelandetes Luftfahrzeug jenen Abrollweg, der bei Planung des Controllers für eben jenen Flug vorgesehen war, verpasst hatte oder der Pilot trödelte und seinen „Arsch" nicht von der Piste bekam, dann war für den Nachfolgenden eben ein „Overshoot" fällig. Das ist zwar ein völlig sicheres Verfahren, aber es war irgendwie peinlich. Und schon gar nicht durfte sich dies bei einem „Check-Out", also bei jener

Arbeitsplatzüberprüfung zur Erteilung der Berechtigung, geschehen. Dummerweise passierte mir dies und ich musste in die zweite Runde.

Die Anflugkontrolle stand als nächstes auf dem Programm. Dort begannen wir auf den Koordinationsarbeitsplätzen. Die Aufgabe bestand darin, an- und abgehende Flüge mit den benachbarten Kontrollstellen zu koordinieren. Sehr schnell wurde mir klar, dass dies eine sehr wichtige Aufgabe war – mit einem guten Koordinator konnte ein Radarlotse eigentlich gar nicht „untergehen". Zu den Aufgaben gehörte auch, Freigaben für Abflüge zu „stricken". Wobei ich dieses Wort ganz bewusst verwende. Denn damals musste bei dieser Tätigkeit ein Ausfall des Radars berücksichtigt werden, so dass diese Freigaben unter Berücksichtigung des übrigen Verkehrs nach den Vorschriften der „conventional separation" erstellt werden mussten. Also nach jenen Verfahren, die mir auf der Flugsicherungsschule wie „schwarze Magie" vorgekommen waren. Das hörte sich dann in etwa so an: „Lufthansa 745 cleared to the Spessart Beacon via departure route two, climb and maintain flight level 100, climb straight ahead until passing 4 000 feet, then turn right on heading 345 to intercept radial 235 from LBU at flight level 70, cross LBU at flight level 90 or above"! Dies wurde dann dem Tower übermittelt und vom Ground Controller der Besatzung mitgeteilt. Wenn (in diesem Fall) Lufthansa 745 gestartet und das Radar wie üblich nicht ausgefallen war, erhielt die Besatzung eine Freigabe, der jeweiligen Abflugstrecke ohne jegliche Beschränkung zu folgen und zur Flugfläche 100 zu steigen. Deshalb werden sich die Piloten gewundert haben, weshalb ihnen denn dieser Sermon erzählt worden war. Kein Wunder also, dass ein PanAm – Pilot den Ground Controller auch einmal fragte: „You really want me to fly that shit?".

Als später dann digitale Radaranlagen eingeführt und diese vernetzt werden konnten, wurde diese Praxis abgeschafft. Weil ja mehrere Radarantennen zur Verfügung standen und ein Ausfall von einer einzigen kein großer Beinbruch mehr war. Zudem wurden bei den Abflugstrecken feste Anfangshöhen (z.B. 5 000 Fuß) festgelegt, so dass die Übermittlung einer Streckenfreigabe eigentlich nur aus Freigabengrenze (meist der Bestimmungsflughafen), die jeweilige Abflugstrecke und der vorgegebene SSR-Code besteht. Was heute auch per Datalink an die Besatzung übermittelt werden kann.

Nach dem Erhalt der Berechtigung für die Koordinationsaufgaben ging es dann zur Radarausbildung. Da gab es zwei Ab- bzw.-Überfluglotsen (einen für den Norden und einen für den Süden) und den sogenannten Feeder oder Director. Dessen Aufgabe besteht darin, eine Anflugreihenfolge zu erstellen und die Flugzeuge dann mit Radar zum Endanflug zu führen und für das jeweilige Anflugverfahren (meist einen ILS-Anflug) freizugeben. Dass die Flugzeuge dabei auch untereinander gestaffelt werden mussten, sollte nicht vergessen werden. Schließlich ist das ja die wichtigste Aufgabe eines Controllers. Und es gab einiges zu lernen. Zum Beispiel, dass Piloten der einen Fluggesellschaft (nahezu) „alles" machten und jene anderer Fluggesellschaften zu bestimmten Dingen nicht zu überreden waren. Und dass Luftfahrzeuge desselben Typs nicht unbedingt auch dieselbe Geschwindigkeit flogen oder mit derselben Sinkflugrate operierten. Oder dass es langsame und schnelle Jets gab und Turboprops nicht unbedingt langsamer sein müssen als düsengetriebene

Luftfahrzeuge. So kam ich als Trainee zu einer Staffelungsunterschreitung, die ich mir vorher nicht vorstellen konnte. Ich „trainierte" auf der Position des Ab- und Überfluglotsen für den Nord- und Südbereich und war, ebenso wie der „Trainee" auf dem Koordinationsarbeitsplatz, in der Ausbildung ziemlich weit fortgeschritten. Was den Abstand unserer Ausbilder etwas vergrößerte. Die hatten sich in einer Ecke der Anflugkontrolle zusammengefunden, spielten Poker und ließen uns ganz einfach so arbeiten wie wir beide dies wollten. Nun kam es, dass abends unter anderem eine Caravelle der inzwischen nicht mehr existierenden Sabena von München über Stuttgart nach Brüssel und eine VC-9 Vanguard, ein viermotoriger Turboprop der damaligen BEA, als Frachter von Wien über Stuttgart nach London-Heathrow flogen. Meist kamen die beiden zur selben Zeit an und so war es auch an diesem Abend. Der Münchner Kollege hatte meinen Koordinator gefragt, ob wir denn die beiden Flugzeuge in Flugfläche 100 akzeptieren würden. Sie wären fünf Seemeilen auseinander und die Caravelle wäre vorne dran. Natürlich stimmten wir dem zu, da der Jet doch vor dem Prop war. Als die beiden sich bei mir auf der Frequenz meldeten, ließ ich sie erst einmal in Flugfläche 100, da die beiden noch ein bisschen zu fliegen hatten. Da ich noch ein anderes Problem zu lösen hatte, kümmerte ich mich nicht so richtig um die Sabena und den „Bealiner" (Rufzeichen der BEA). Brauchte ich ja auch nicht, schließlich war der schnellere Jet ja vorne dran. Glaubte ich zumindest. Bis mich eine sehr britische Stimme fragte: „Radar, what is the caravelle doing at my right wing at the same altitude?" Jeder in der Anflugkontrolle konnte dies hören (und alle anderen auf meiner Frequenz auch), so dass die Pokerrunde unserer „Coaches" abrupt aufgehoben wurde und wir beide uns einen kräftigen „Anschiss" einhandelten. Seitdem wusste ich, dass Turboprops nicht unbedingt langsamer fliegen als Jets (zumal die Caravelle einer von der etwas langsameren Truppe war).

Meine Radar-Check-Outs habe ich dann auf Anhieb geschafft. Und nun war ich richtiger Controller. Mit allen Berechtigungen. Ab sofort durfte ich ohne Aufsicht arbeiten – und alle Conflictions, Staffelungsunterschreitungen und sonstige „Fehlleistungen" gingen von nun an auf meine Kappe. Und zu lernen gab es noch viel. Auch als fertig „ausgecheckter" Controller.

Die Kontrolle des Luftverkehrs

Zunächst einmal sollte die Frage geklärt werden, wer denn von den Fluglotsen kontrolliert wird. Um dieser Frage auf den Grund zu gehen, ist zunächst einmal zwischen zwei Arten von Flügen zu unterscheiden. Auf der einen Seite gibt es jene, die sich nach den Instrumentenregeln durch die Luft bewegen. Sie werden als IFR-Flüge bezeichnet, wobei IFR für „Instrument Flight Rules" steht. Sie werden von aviatischen Laien auch als „Blindflüge" bezeichnet. Das bedeutet, dass sie sich bei ihren Flügen (nahezu) ausschließlich auf ihre Instrumente verlassen und deshalb sich auch innerhalb von Wolken aufhalten dürfen. Und da sie sich deshalb auch nicht an terrestrischen Eigenheiten, also an der Landschaft (Berge, Flüsse, Seen etc.) oder von Menschen geschaffenen Einrichtungen wie Autobahnen, Eisenbahnstrecken, Kanälen, Fernsehtürmen und menschlichen Ansiedlungen orientieren, verlassen sie sich auf ihre Navigationsinstrumente. Mit diesen sind sie in der Lage, sich der Navigationsanlagen am Boden oder der Satelliten im Weltraum zu bedienen. Sie können so ihren Standort bestimmen und jene

Kurse einschlagen, die ihnen von uns Fluglotsen vorgegeben werden. Da diese Navigationsanlagen am Boden nichts anderes sind als mehr oder weniger präszise Funksender, wird diese Navigation als Radio- oder Funknavigation bzeichnet. Der Vollständigkeit halber sollte noch erwähnt werden, dass sich IFR-Flüge auch noch anderer Navigationsarten wie zum Beispiel der Trägheitsnavigation bedienen können. Doch darauf soll hier nicht eingegangen werden, weil es den Fluglotsen eigentlich gleichgültig ist, nach welcher Art der Navigation ihre Kunden ihren Weg durch den Luftraum finden. Hauptsache sie fliegen in den Höhen und auf den Strecken bzw. folgen jenen Steuerkursen, die ihnen von uns vorgegeben wurden. Linienflüge operieren grundsätzlich nach Instrumentenregeln. Selbst dann, wenn sich kein Wölkchen am Himmel zeigt und sie eigentlich auch nach Sicht navigieren könnten. Ausnahmen wie Sichtanflüge bestätigen dabei die Regel.

Neben den IFR-Flügen gibt es solche, die sich nach den Sichtflugregeln („Visual Flight Rules") durch den Luftraum bewegen. Sie werden deshalb als VFR-Flüge bezeichnet. Sie sollten sich an dem orientieren, was sie aus den Cockpit erkennen können. Wobei das, was sie da sehen können, mit dem, was auf ihrer Navigationskarte aufgedruckt ist, übereinstimmen sollte. Man bezeichnet dies als terrestrische Navigation. Natürlich nutzen auch VFR-Piloten Einrichtungen der Funk- oder Satellitennavigation, weil es dadurch einfacher ist, zu seinem Ziel zu gelangen. Vorausgesetzt ist jedoch, dass für die Piloten Funknavigation nicht ein Buch mit sieben Siegeln ist und dass das Flugzeug auch entsprechend ausgerüstet und zugelassen ist. Das wichtigste ist jedoch, dass Piloten von VFR-Flügen bestimmte Abstände zu Wolken einhalten müssen und die Sichtwerte nicht unter einen bestimmten Wert fallen dürfen. Denn VFR-Flüge müssen in der Lage sein, andere Luftfahrzeuge so rechtzeitig zu erkennen, um ihnen unter Anwendung der Ausweichregeln aus dem Weg zu gehen. Wer mit der Fliegerei nicht so viel am Hut hat, bezeichnet die Piloten von VFR-Flügen etwas salopp als „Sportflieger". Dabei operieren jedoch nicht nur Piloten, die lediglich aus Spaß an der Freude durch die Gegend fliegen, nach Sichtflugregeln. Auch Überwachungsflüge (z.B. von Pipelines), Einsatzflüge der Polizei oder des Militärs oder Rettungshubschrauber sind nach VFR unterwegs. Um nur einige zu erwähnen.

Luftfahrzeuge heißen bekanntlich Luftfahrzeuge, weil sie in der Luft unterwegs sind. Nun ist Luft in diesem Fall nicht eine unendliche, homogene Masse, die sich über unseren Köpfen erstreckt. Vielmehr haben die Luftfahrtbürokraten der ICAO den Luftraum in verschiedene Klassen unterteilt, die mit den Buchstaben von A bis G bezeichnet werden. Für diese Lufträume wurden unterschiedliche Regeln (z.B. welche Mindestsichtweiten herrschen bzw. Abstände zu den Wolken für VFR-Flüge eingehalten werden müssen) festgeschrieben und welche Dienste von den Flugsicherungsorganisationen vorgehalten werden müssen. Dazu gehört auch die Festlegung, welche Flüge untereinander gestaffelt werden müssen.

Auf die Unterschiede zwischen diesen Luftraumklassen soll hier nicht eingegangen werden. Grundsätzlich wird dabei in kontrolliertem und unkontrollierten Luftraum unterschieden. Dabei ist leicht ersichtlich, dass Luftfahrzeuge im unkontrollierten Luftraum nicht der Flugverkehrskontrolle unterliegen – wir Controller haben da also nichts zu sagen. Dennoch werden Piloten im unkontrollierten Luftraum nicht allein gelassen. Sie können sich jederzeit an die Kollegen des Fluginformationsdienste (FIS - Flight Information Service) wenden. Wobei sie nicht vergessen sollten, dass die FIS-Lotsen ihre Kunden nicht untereinander staffeln. Für die Vermeidung von Zusammenstößen sind diese Piloten selbst verantwortlich. Nicht nur im unkontrollierten Luftraum übrigens.

Allerdings möchte ich auf eine ganz bestimmte Luftraumklasse hinweisen – auf den Luftraum E. Dieser fällt in die Katgegorie des kontrollierten Luftraums. Doch dummerweise sind dort nicht alle Flüge der Kontrolle unterworfen, sondern nur die IFR-Flüge. Was natürlich bedeutet, dass zwischen IFR- und VFR-Flügen keine Staffelung erstellt wird. VFR-Flüge sind nicht einmal verpflichtet, mit den Controllern in Funkkontakt zu treten. Sie können dort, unter Einhaltung der einschlägigen Vorchriften, tun und lassen, was sie wollen. Unter anderem, den Controller einen guten Mann sein lassen und ihm verschweigen, in welcher Höhe sie unterwegs sind und was ihre Absichten sind. Allerdings konnten wir diese Flüge auf dem Radar sehen und die Piloten der IFR-Flüge darauf hinweisen. Besonders zu jenen

Zeiten, als sich der „Kalte Krieg" zu seinem Höhepunkt aufgeschwungen hatte, war dies oftmals eine „heiße" Kiste. Denn wenn sich diese nicht bekannten bekannten Flüge („unidentified traffic") mit hoher Geschwindigkeit vorwärts bewegten, dann konnten wir davon ausgehen, dass es sich dabei um Kampfflugzeuge handelte. Eine Begegnung zwischen einem kontrollierten IFR-Flug mit einem „superschnellen" Starfighter oder einer Phantom konnte dann eine haarige Sache werden. Weshalb in den siebziger Jahren Meldungen über entsprechende „Near Misses" oftmals an der Tagesordnung waren. In Deutschland ist dieser Luftraum E inzwischen gedeckelt. Die Obergrenze liegt bei Flugfläche 100, also bei 10 000 Fuß. Aber da jeder Staat seinen Luftraum nach seinen Vorstellungen organisieren kann, kann das im Nachbarland schon wieder ganz anders sein.

Die Kontrolle des Luftverkehrs ist also eine nicht ganz einfache Angelegenheit. Dabei trifft der Begriff der Kontrolle nicht so richtig auf unsere Tätigkeit zu. Denn mit der Kontrolle verbindet man meist unangenehme Vorgänge, die von irgendwelchen Ordnungsbehörden durchgeführt werden. Ob man im

Besitz eines Ausweises ist, mit welchem man irgendwelche geheiligten Hallen betreten darf, oder ob man sich an die Vorschrift, sich nicht in einem alkoholisierten Zustand an das Steuers seines Autos zu setzen, gehalten hat. Natürlich hat auch Flugsicherung irgendwie mit Kontrolle zu tun. Dabei wäre die Aufgabe der Flugsicherung mit „Anweisungen zu erteilen, um eine Annäherung von Flugzeugen oder gar den Zusammenstoß derselben zu verhindern" wesentlich genauer beschrieben. Aber wer kann sich so etwas merken? Niemand, weil es viel zu kompliziert ist. Weshalb der Begriff der „Flugverkehrskontrolle" die ganze Angelegenheit recht gut beschreibt. Was die Berufsbezeichnung angeht, so trifft die englische Bezeichnung, nämlich „Air Traffic Controller", auf unsere Tätigkeit wesentlich besser zu als der deutsche Begriff des Fluglotsen. Weil man unter Lotsen eigentlich jene Berufsgruppe versteht, die sich an Bord eines seegängigen Fahrzeuges begibt, um dieses unbeschadet durch etwas navigatorisch schwierige Gewässer zu führen. Fluglotsen gehen ihrer Aufgabe jedoch in (nicht immer) wohl temperierten Räumen nach und sind auch nicht Wind und Wetter ausgesetzt. Und noch ein weiterer Unterschied zwischen den See-, Kanal- und Hafenlotsen und den Fluglotsen sollte nicht unterschlagen werden. Während die ersten den Kapitän des jeweiligen Schiffes lediglich beraten und ihm Vorschläge machen, wie er seinen schwimmenden Untersatz sicher durch die Gewässer führt, erteilen die letzteren den Piloten der von ihnen kontrollierten Luftfahrzeuge konkrete Anweisungen, auf deren Ausführung sie ziemlichen Wert legen. So ist die Bezeichnung des „air traffic controllers" wohl die zutreffendere. Woraus man schließen kann, dass es mit der grenzenlosen Freiheit über den Wolken nicht so besonders weit her ist.

Bleibt noch anzumerken, dass sich die Bezeichnung unserer Tätigkeit in den letzten Jahren geändert hat. So ist nicht mehr von Flugverkehrskontrolle oder „Air Traffic Control" die Rede, sondern vom „Air Traffic Management". Das hört sich natürlich in Zeiten der Globalisierung und dem Vormarsch neoliberalen Gedankenguts wesentlich besser an. Wer will schon gerne kontrolliert werden? Sicherlich niemand – „gemanaged" zu werden erscheint wesentlich angenehmer zu sein. Und zudem erinnert es weniger an staatliche Obrigkeit und die damit verbundene

Bürokratie. Möglicherweise ist das genau der Grund, weshalb wir von Controllern zu Managern geworden sind. Denn zu Zeiten, in welchen staatliches Handeln als irgendwie aus der Zeit gefallen scheint und als ineffektiv verschrieen ist, musste die Flugsicherungsbehörde ganz dringend in ein privatrechtlich organisiertes Unternehmen überführt werden. Und zu einem solchen passt ein Manager eben wesentlich besser als ein „Controller", der kraft seines Amtes Anweisungen erteilt. Dabei wird ganz gerne vergessen, dass es Aufgabe des Staates ist, für die Sicherheit im Luftverkehr zu sorgen und somit auch das „Air Traffic Management" durch den Staat als hoheitliche Aufgabe sichergestellt werden muss. Und viele derjenigen, die sich für die Privatisierung der Flugsicherung eingesetzt haben bzw. immer noch einsetzen, verweisen bei ihrer Kritik an der zersplitterten Flugsicherungslandschaft Europas gerne auf die USA. Dort, so werden sie nicht müde, uns zu erzählen, wäre alles besser. Dummerweise vergessen diese Kritiker dann, dass Flugsicherung in den USA von einer Behörde, der Federal Aviation Administration (FAA), betrieben wird. Obwohl es auch dort – seit Jahren erfolglose - Bemühungen gibt, die Flugsicherung zu privatisieren. Oder sie zumindest aus dem Geschäftsbereich der FAA auszugliedern.

Doch wie kontrolliert man den Luftverkehr? Ganz einfach – indem man die kontrollierten Luftfahrzeuge durch geeignete Maßnahmen auseinander hält. Sie also untereinander staffelt oder voneinander separiert. Weshalb der englische Begriff für Staffelung auch „Separation" lautet. Dies erreicht man, indem die Piloten der Luftfahrzeuge angewiesen werden, bestimmte Flughöhen einzuhalten, entsprechende Kurse zu steuern oder nur dann auf die Piste zu rollen oder auf derselbigen zu starten und zu landen, wenn sich dort kein anderes Luft- oder Bodenfahrzeug befindet. Eine derartige Anweisung nennt man übrigens eine Freigabe oder eine „Clearance". Eine „Air Traffic Control Clearance", um genau zu sein. In diesem Zusammenhang sollte auch erwähnt werden, dass nur kontrollierte Flüge untereinander gestaffelt werden. Das sind in erster Linie Luftfahrzeuge, die nach Instrumentenregeln operieren. In bestimmten Lufträumen werden auch VFR-Flüge, also Flüge, die nach Sichtflugregeln operieren, dazugezählt. Wobei hier nicht auf die Feinheiten eingegangen werden soll; die wichtigsten Punkte habe ich bereits zu Beginn dieses Kapitels dargelegt. Ebenso ist es für mich und für viele Controller etwas unverständlich, dass sich in bestimmten Lufträumen (z.B. in dem bereits erwähnten Luftraum E) neben den von ihnen kontrollieren IFR-Flügen auch noch VFR-Flüge tummeln, die sich ihrer Kontrolle entziehen. Und über deren Absichten, da sie mit diesen meistens auch nicht in Funkkontakt stehen, nicht informiert sind. Allerdings melden sich die meisten VFR-Flüge beim Fluginformationsdienst. Aber das ist, salopp gesagt, eine andere Kiste.

Für die Staffelung wurden von der ICAO bestimmte Mindestwerte vorgeschrieben, die von den Controllern einzuhalten sind. Werden diese Werte unterschritten, dann nennt man dies eine Staffelungsunterschreitung oder eine „Confliction". Ein Vorgang, der nicht unbedingt zu den Glanzleistungen eines Fluglotsen gehört und auf den später noch eingegangen werden soll. Sehr wahrscheinlich gibt es keinen Controller, dem im Laufe seiner Karriere nicht eine „confliction" unterlaufen wäre. Ein Fluglotse, der das Gegenteil behauptet, ist für diesen Beruf eigentlich nicht geeignet. Denn entweder leidet er dann unter

Überheblichkeit oder an Realitätsverlust. Was keine guten Voraussetzungen für den Job eines „Air Traffic Controllers" sind. Der von mir bereits erwähnte und von uns allen hochgeachtete Lehrer an der damaligen Flugsicherungsschule unterschied sehr fein zwischen einer „Confliction" und einem „Infringement of Separation". Und erklärte es folgendermaßen: „Wenn Ihr eine Mindestradarstaffelung von fünf Seemeilen anwenden müsst und es ist dann nur eine, dann ist das eine „Confliction". Wenn es jedoch vier Seemeilen sind, dann ist das ein ‚Infringement of Separation'". Ich habe mir diesen Satz sehr gut gemerkt.

Die Mindeststaffelungswerte betragen, wie bereits erwähnt, drei Seemeilen lateral und 1 000 Fuß vertikal. Diese Werte gehören, gleichsam in Stein gemeiselt, zu den Grundkenntnissen eines Controllers. Sollten diese sich einmal ändern, dann musste sich in der Luftfahrt oder zumindest in der Welt der Flugsicherung etwas Epochales ereignet haben. Wie unerschütterlich sich diese Werte erhalten haben, soll an einem Frankfurter Kollegen geschildert werden. Dieser hatte es bis zu seinem Ruhestand geschafft, sich den wechselnden Trends der Bekleidungsindustrie und den von ihr kreierten

Moden erfolgreich zu widersetzen. Bekleidet mit einer braunen Jacke, die wohl dem modischen Schick der sechsziger Jahren entsprach, erschien er täglich zum Dienst. An manchen Tagen soll er sich mit diesem Jackett bekleidet auch an die Radarkonsole gesetzt bzw. im Tower Platz genommen haben. Deshalb galt für die Frankfurter Controller das Dogma, dass sich drei Dinge nie ändern würden: Drei Meilen, tausend Fuß und das Jackett dieses Kollegen.

Das wenig Erfreuliche an der Geschichte ist, dass die berühmten drei Seemeilen und 1 000 Fuß eben nur unter ganz bestimmten Voraussetzungen gelten. In Wirklichkeit sieht die ganze Angelegenheit etwas komplizierter aus, so dass auf die unterschiedlichen Staffelungswerte etwas genauer eingegangen werden muss.

In vertikaler Hinsicht sind sie recht einfach gestaltet. Sie betragen 1 000 Fuß, was ungefähr 300 Metern entspricht. Ab einer bestimmten Höhe mussten die Flieger dann mit 2 000 Fuß gestaffelt werden. Zu Beginn meiner Laufbahn galt dies oberhalb von Flugfläche 290 und als Grund für diese Maßnahme wurde die Ungenauigkeit der Höhenmesser angegeben. Nun werden seit Jahren genauere Instrumente eingesetzt, so dass dieser Übergang von der 1 000- auf die 2 000-Fuß-Staffelung nach oben angehoben wurde. Was natürlich auch zur Kapazitätserhöhung der betreffenden Kontrollzentralen geführt hat.

Was die lateralen Staffelungskriterien betrifft, so sind diese nicht einheitlich festgelegt. Abgesehen von den konventionellen Staffelungsmethoden, die sich auf die Kontrolle ohne Radar beschränken und bei welcher bestimmte Zeit- oder Entfernungskriterien zur Anwendung kommen, sind die „Radarminima" recht unterschiedlich. Sie sind abhängig von der bzw. von den jeweiligen Radarantennen, die für den betreffenden Kontrollsektor bzw. für die Dienste, die dort vorgehalten werden. So ist leicht einzusehen, dass bei der Streckenkontrolle andere Staffelungskriterien angewendet werden als bei der Anflugkontrolle. Man kann es ganz einfach ausdrücken. Je schneller sich eine Radarantenne dreht (und je geringer deren Reichweite ist), desto öfter erhält der Controller ein neues Ziel. Und je öfter ein Ziel erfasst und dem Controller dargestellt wird, um so niedriger ist der Mindeststaffelungswert. Diese

„Zielerneuerungsrate" liegt bei einer ASR-Anlage, wie sie im Bereich der Anflugkontrolle zum Einsatz kommt, bei etwa sechs Sekunden. Bei den Radaranlagen, die bei der Bezirkskontrolle (den „Centern") verwendet werden, beträgt sie etwa zwölf Sekunden. Noch schneller sind die Bodenradaranlagen, mit denen zumindest die Kontrolltürme der verkehrsreichsten Flughäfen ausgerüstet sind, sowie PAR-Anlagen, die beim Militär zum Einsatz kommen. Aus den unterschiedlichen Zielerneuersraten ergeben sich auch unterschiedliche Staffelungsmindestwerte. Je höher die Zielerneuerungsrate umso geringer die „separation minima".

Der geringste Abstand zwischen zwei Flugzeugen beträgt zwei Seemeilen. Allerdings gilt dies nur bei den sogenannten „staggerd approaches" an Flughäfen, die über zwei parallele Pisten verfügen. Normalerweise beträgt das Minimum im Anflugbereich drei Seemeilen, bei der Streckenkontrolle sind es mindestens fünf. Das war zumindest zu meiner Zeit so – aber die Zeiten mögen sich geändert haben.

Bei der lateralen Staffelung ist natürlich darauf zu achten, dass Luftfahrzeuge in derselben Höhe sich nicht zu nahe kommen. Wenn also zwischen zwei Flügen ein zu geringer Abstand besteht, müssen sie eben vertikal gestaffelt werden. Dass dies manchmal mit den Wünschen der Piloten nicht immer in Einklang gebracht werden kann, braucht nicht besonders betont werden. Wenn zum Beispiel zwei Piloten ihren Flug in derselben Flughöhe durchführen wollen, sich die beiden Flugzeuge jedoch in unmittelbarer Nähe befinden, also keine laterale Staffelung besteht, dann hat der eine eben Pech gehabt. Weil die von ihm gewünschte Höhe bereits von einem anderen Flugzeug belegt ist und er deshalb in einer etwas niedrigeren fliegen muss. Das ist natürlich ärgerlich, weil dadurch etwas mehr Sprit verbraucht wird und die Piloten sich dann fragen müssen, ob sie bei der Landung das vorgeschriebene Minimum noch in den Tanks haben.

Offensichtlich ging es der Crew einer BAC 1-11 der inzwischen verblichenen Dan-Air (die übrigens keine dänische, sondern eine britische Fluggesellschaft war) so, als sie nicht auf die von ihr gewünschte Flughöhe steigen durfte. Diese war durch eine B747 der PanAm belegt. Das Besondere daran war, dass es sich bei dem Dan-Air – Piloten um eine Frau handelte, die sich mit der ablehnenden Antwort nicht zufrieden geben wollte. Sie bat den Controller immer wieder um die von ihr gewünschte Flughöhe, so dass dieser schließlich die PanAm-Besatzung fragte, ob sie denn bereit wäre, 4 000 Fuß (damals galt die 2 000 Fuß-Regelung über Flugfläche 290 noch und die nächste Flugfläche war dem Gegenverkehr vorbehalten) zu steigen. Worauf diese antwortete: „Certainly, we PanAm pilots like to climb above every lady!"

Bleibt noch eine bestimmte Art der Staffelung zu erwähnen – die Wirbelschleppenstaffelung („wake turbulence separation"). Grund hierfür ist die Tatsache, dass an den Tragflächenenden der Flugzeuge Wirbel entstehen, die nachfolgenden Flugzeugen gefährlich werden können. Je größer das Flugzeug und damit die Flächenbelastung ist, desto stärker sind die Turbulenzen. So hat sich die ICAO eben jene „wake turbulence separation" einfallen lassen, die sich nach der Größe, oder genauer nach der Gewichtsklasse des vorausfliegenden Luftfahrzeugs richtet.

Zunächst wurden drei Gewichtsklassen eingeführt – light, medium und heavy. Wobei unter „light" alle Luftfahrzeuge fallen, die ein maximales Startgewicht bis 6,9 Tonnen aufweisen. Die Kategorie „medium" deckt alle Luftfahrzeuge zwischen sieben und 135,9 Tonnen ab (eine Ausnahme bildet die B757, die von der Flugsicherung als „heavy" zu behandeln ist) und alles was mehr als 136 Tonnen auf die Waage bringt, gehört zu den „Heavies". Mit der Einführung des A380 wurde mit „super" noch eine neue Kategorie geschaffen, zu welcher auch die An-225 gezählt werden muss. Aber von der existiert nur ein Exemplar.

Weshalb die unterschiedlichen Luftfahrzeugmuster lediglich drei Klassen zugeordnet wurden, kann von den Controllern nicht so richtig nachvollzogen werden. Denn man kann sich mit Fug und Recht fragen, ob dies sinnvoll ist. Das heißt, ob dadurch den Gefahren, die durch die Wirbelschleppen für nachfolgende Luftfahrzeuge entstehen, mit dieser Dreiteilung auch entsprochen werden kann und ob es nicht praktischer wäre, hier etwas mehr zu differenzieren. Als Beispiel sollen die Flugzeugmuster der B747 und der B767 angeführt werden. Beide gehören der Gewichtsklasse „heavy" an. Obwohl sie von ihrer Größe und ihrer maximalen Startmasse ganz schön differieren. So mag es beispielsweise sinnvoll sein, zwischen einer startenden (oder landenden) B747 und der nachfolgenden B767 eine Mindeststaffelung von vier Seemeilen anzuwenden. Ob dies jedoch auch sinnvoll ist, wenn eine B747 einer B767 folgt, ist doch sehr fraglich. Das haben sich auch die Luftfahrtbehörden in Großbritannien und in den USA gefragt und haben mit fünf (USA) bzw. sechs (Großbritannien) unterschiedlichen Klassen versucht, dieser Problematik zu entsprechen. Inzwischen ist man wohl auch bei der ICAO und auch bei den eruopäischen Flugsicherungsgöttern EUROCONTROLs zu der Erkenntnis gekommen, dass die bereits erwähnte Drei-Klassen-Einteilung nicht unbedingt das Gelbe vom Ei ist. Auch wenn die Mühlen bei der ICAO, bei Eurocontrol und der Ministerialbürokratie etwas langsam mahlen, so müssen sich die Controller wohl weltweit auf neue Kriterien der Wirbelstaffelungskriterien einstellen. Bei EUROCONTROL nennt sich das entsprechende Programm RECAT-EU, was für „European Wake Turbulence Catgegorisation and Separation Minima on Approach and Departure" steht. Angesichts der

Tatsache, dass von den Airlines immer größere Luftfahrzeuge eingesetzt werden und mit dem A380 ein wahrhaftiger „Super-Jumbo" auf den Markt geworfen wurde, geht es dabei natürlich um die Frage, ob und vor allem wie es gelingen kann, den Luftraum in den Nahverkehrsbereichen der Flughäfen noch effizienter zu nutzen, ohne dabei die Sicherheit zu gefährden. Auch hier zeigt sich, dass der Faktor „Wirtschaftlichkeit" auch bei der Flugsicherung, sorry, beim Air Traffic Management einen immer höheren Stellenwert zugesprochen wird. Und es stellt sich die Frage, ob die Flugsicherungsgötter bei der ICAO, der FAA oder bei EUROCONTROL sich ohne den wirtschaftlichen Druck entschlossen hätten, die Kriterien der Wirbelschleppenstaffelung auf den Prüfstand zu stellen.

Die Flugverfahren

Als ich damals zur Flugsicherung kam, gab es ein geflügeltes Wort, das eigentlich eine Frage und eine Antwort zugleich war: „Why do birds never collide? Because they never change their procedures!" Die Vögel haben es also besser. Bei Piloten und Controllern sieht dies ein wenig anders aus. Weil sie damit rechnen müssen, dass die bisher bekannten Verfahren irgendwann einmal geändert werden. Damit ist nicht gemeint, dass nun ein Instrumentenanflug plötzlich anders geflogen werden müsste als bisher. Sondern dass eines der veröffentlichten An- oder Abflugverfahren geändert wurde. Oder bestimmte „procedures" von den Controllern plötzlich nicht mehr oder mit ganz besonderen Beschränkungen angewendet werden dürfen. Weil die Luftfahrtpäpste im ICAO-Luftfahrthimmel in Montreal zu der Erkenntnis gekommen waren, dass bestimmte Verfahren nicht mehr ausreichend sicher wären oder weil sich bedeutende Persönlichkeiten, die sich beispielsweise in der Fluglärmkommission zusammengefunden haben, mit ihren Vorstellungen durchgesetzt hatten und die Controller dann von heute auf morgen bestimmte Verfahren nicht mehr anwenden durften. Um die Flughafenanrainer von dem Lärm an- und abfliegender Maschinen zu schützen. Da wurde dann auf einer bestimmten Abflugstrecke der Drehpunkt verlegt oder die Höhe, ab welcher abfliegende Luftfahrzeuge einen anderen Kurs einschlagen, angehoben. Dass damit der Lärm der Flugzeuge nicht geringer geworden ist, versteht sich von selbst. Aber ein bestimmter Stadtteil oder eine bestimmte Ortschaft wurde dann eben nicht mehr überflogen und der Lärm an andere Orte verlagert. Solche Änderungen dienten deshalb weniger der Lärmvermeidung, sondern einer anderen Lärmverteilung. Wobei die Siedlungen bzw. Stadtteile der weniger betuchten Bürger dabei oftmals den kürzeren zogen. Als ein Frankfurter Kollege in einer öffentlichen Diskussion einmal erwähnte, der Flugsicherung wäre es nun mal nicht möglich, alle An- und Abflugstrecken ausschließlich über Arbeiterviertel zu führen, erntete er heftigen Widerspruch.

Dennoch ist es sinnvoll, die Flugzeuge auf bestimmten Kursen oder Strecken fliegen zu lassen. Weil die Planung der Flugverkehrskontrolle dadurch erleichtert wird und die Controller mögliche Konflikte schnell erkennen und so eliminiert werden können. Zu Beginn meines Controllerdaseins wurden die Flugverkehrsstrecken (vulgo: Luftstraßen) nach den Navigationsanlagen (NDB, VOR) am Boden gestaltet. Die Flugzeuge flogen von einem Funkfeuer zum anderen und deshalb bewegten sie sich nicht auf einer geraden Linie von A nach B, sondern im Zickzack. Konsequenterweise bedeutete dies natürlich auch, dass die An- und Abflugverfahren durch Funknavigationsanlagen abgestützt wurden. Zumindest wenn die betreffenden Luftfahrzeuge nach Instrumentenregeln operierten. Bei den VFR-Flüge war das natürlich etwas anderes. Sie mussten über genau definierte terrestrische Punkte navigieren, die aus dem Cockpit aus erkannt werden konnten (Autobahnkreuzungen, Bahnhöfe, Brücken, Fernseh- und Fernmeldetürme). In Flughafennähe war jedoch auch ihnen vorgegeben, diese Punkte mit bestimmten Steuerkursen zu erreichen.

Da ein Flug ja bekanntlich mit dem Start beginnt, sollen die Abflugverfahren als erste erwähnt werden. Für IFR-Flüge waren diese als „Standard Instrument Departure Routes (SID)" genau festgeschrieben. Zum

Beispiel nach dem Start erst einmal bis zu einem bestimmten Punkt, zum Beispiel zu einem „Locator Beacon" geradeaus zu steigen und dann entweder zu einer Funknavigationsanlage abzubiegen oder einen bestimmten Kurs bis zum Erfliegen eines genau definierten Leitstrahls eines UKW-Drehfunkfeuers (VOR) einzuschlagen. Dazu kam, dass zusätzlich einige Höhenbeschränkungen beachtet und eine maximale Höhe nicht überschritten werden durfte. Es sei denn, der Controller hatte eine andere Anweisung erteilt oder der Abweichung von der Abflugstrecke zugestimmt. Zum Beispiel um einem Gewitter auszuweichen. „Abweichungen von SIDs" wurde dann in den Tagesbericht eingetragen und die Sache war geritzt. Wenn allerdings irgendwelche Beschwerdeführer meinten, es habe eigentlich gar kein Gewitter gegeben, wurde der Fall untersucht. Meist stellte sich dann heraus, dass die Beschwerde unbegründet war und sich das betreffende Flugzeug an die Verfahren gehalten hatte. Wenn dies jedoch nicht der Fall war, dann wurde entweder der Pilot mit einem mehr oder weniger höflichen Schreiben des Lärmschutzbeauftragten (einem Angestellten der Landesluftfahrtbehörde) ermahnt, sich zukünftig an die vorgeschriebenen Verfahren zu halten oder der

Controller darauf hingewiesen, dass er die korrekte Einhaltung der SIDs eigentlich zu überwachen hätte und dass mit den Genehmigungen zum Abweichen von denselben nicht allzu großzügig umgegangen werden sollte. Was meist mit einem Gespräch mit dem Betriebsleiter erledigt wurde. Ich hatte einem PanAm-Piloten einmal genehmigt, bei seinem letzten Flug von Stuttgart nach Berlin die Abflugstrecken etwas großzügig auszulegen und etwas länger in einer niedrigeren Höhe zu verbleiben. Weil er sich die Innenstadt von Stuttgart noch einmal genau ansehen wollte. Er müsse nur erklären, da befände sich eine Gewitterwolke auf seinem Kurs und er müsse deshalb einen etwas anderen einschlagen. Natürlich war da weit und breit kein Gewitter zu sehen und ich wundere mich heute noch, dass sich niemand beschwert hatte.

VFR-Flüge müssen sich ebenfalls an bestimmte Strecken halten. Zumindest solange sie sich innerhalb der Kontrollzone (ein genau definierter Luftraum um einen Flughafen, in welchem alle Flüge der Kontrolle durch die Flugsicherung unterliegen) befinden. Die Strecken waren (und sind es heute noch) so ausgelegt, dass sie sich auf der einen Seite an terrestrischen

Merkmalen ausrichteten und auf der anderen dem IFR-Verkehr nicht zu nahe kamen. Dazu wurden bestimmte Steuerkurse, oder um etwas genauer zu sein, „Kurse über Grund" vorgegeben, die natürlich nicht hundertprozentig eingehalten werden konnten. Weil der Wind von der einen oder der anderen Seite etwas stärker blies als erwartet. Deshalb nahmen wir Abweichungen von den vorgegebenen Strecken ohne Kommentar hin. Es sei denn, die Abweichung war zu groß oder irgendein lärmsensibler und der Luftfahrt besonders abgeneigter Flughafenanwohner beschwerte sich über die Abweichung. Weil er sich dadurch bei der sonntäglichen Kaffeestunde auf der heimischen Terrasse gestört fühlte. Nun ja, dann wurde das eben auch untersucht.

Für die VFR-Anflüge waren genau definierte Strecken festgelegt, die vom Einflug in die Kontrollzone bis zur Platzrunde bzw. zu einer Warteschleife führten. Im Gegensatz dazu waren an den unkontrollierten Landeplätzen die vorgeschriebenen Strecken bis zum Endanflug vorgegeben und von den Lärmschützern wurde immer wieder gefragt, weshalb dies bei den kontrollierten Plätzen, also an den Regional- und den internationalen Flughäfen, nicht ebenso gemacht werden konnte. Offenbar hingen einige der Vorstellung an, der Luftverkehr könne genau so gestaltet werden wie sie es bei ihrer Modelleisenbahn zu tun pflegten. Es war etwas schwierig, ihnen die Problematik genau darzulegen. Denn die Towercontroller müssen die ankommenden VFR-Flüge in den Verkehrsfluss des anfliegenden IFR-Verkehrs integrieren und deshalb müssen sie die VFR-Piloten zu einem bestimmten Verhalten auffordern, das mit einem Strich auf der Karte eben nicht abgedeckt werden kann. Zum Beispiel die Piloten anzuweisen, einen kurzen oder einen langen Anflug, eine kurze oder eine lange Landung durchzuführen oder eine bestimmte Zeit in der veröffentlichten Warteschleife zu verbringen. Manchmal fühlte ich mich bei den Diskussionen mit den Lärmschützern an den Begriff der Beratungsresistenz erinnert.

IFR-Anflüge werden in drei Phasen unterteilt: den „initial", den „intermediate" und den „final approach". Die beiden ersten sind in den Anflugkarten zwar genau definiert, kamen zu meiner Zeit jedoch nur dann zum Einsatz, wenn das Radar ausgefallen war oder ein hoffnungsvoller Flugschüler einen solchen

„standard approach" übte. Normalerweise wurden die anfliegenden Flugzeuge mit Hilfe von Radar, den sogenannten „radar vectors", zum Endanflug geführt. Wir hatten bei der Gestaltung des Anflugverkehrs also so einige Freiheiten und so war es auch kein Problem, wenn die Flugzeuge vom vorgegebenen „initial" oder „intermediate approach" abwichen. Allerdings nur mit unserer Zustimmung oder im Zuge der Radarführung, mit unserer Anweisung also. Natürlich durften dabei bestimmte Grenzen nicht überschritten werden. Zum Beispiel, wenn es darum ging, eine bestimmte Höhe nicht zu unterschreiten oder den Ein- bzw. Durchflug durch ein aktiviertes Segelflug- oder Beschränkungsgebiet zu vermeiden. So befand sich südlich des Flughafens Stuttgart (genau genommen war es süd-süd-östlich) ein Beschränkungsgebiet, welches den Truppenübungsplatz Münsingen vor ungebetenen Gästen bewahren bzw. einfliegende Flugzeuge von den Gefahren desselben schützen sollte. Als dann die Besatzung einer PanAm Boeing 727 etwas nach rechts von dem vorgegebenen Kurs abwich (vielleicht in der Absicht, etwas abzukürzen?), wies ich sie zu einer Kursänderung nach links von etwa 30 Grad an.

Worauf mich der Pilot fragte, welchem Zweck diese Kursanweisung diene.

„In order to stay clear of military restriction area“, antwortete ich auf seine Frage.

„What are they doing there?“

„They are doing ground to air gunnery and they especially shoot on Boeings with a white body and big blue letters on it!“

„Roger, turning left heading 330!“ Man muss mit den Kunden eben nur reden.

Bei der Radarführung mussten wir darauf achten, dass die Flugzeuge auf dem Landekurssignal des ILS zunächst einmal in einer bestimmten Höhe eine Meile geradeaus flogen, bevor sie dann auf dem Gleitpfad ihren endgültigen Sinkflug einleiteten. „One mile straight and level“. So stand es in unserer Vorschrift. Das haben wir nicht immer so ernst genommen, und die Piloten kamen auch ganz gut damit zurecht, wenn wir dieses „One mile straight and level“ nicht so strikt anwandten. Und in den Zeiten, als die Kerosinpreise zum ersten Mal zu explodieren begannen, kam ein, wenn ich mich richtig erinnere, Condor-Kapitän auf die Idee, auf die Vorschrift zu verzichten und die anfliegenden Flugzeuge in einem kontinuierlichen Sinkflug direkt zum Endanflug zu führen. Der Sinkflug begann in 20 Seemeilen vor dem Aufsetzpunkt aus Flugfläche 70 heraus und das ILS wurde in sechs Meilen Entfernung erflogen. Die Flieger flogen dabei mit einer geringen Triebwerksleistung und wir mussten ihnen in bestimmten Abständen mitteilen, wie weit sie noch von der Piste entfernt waren (damit sie ihren Anflug entsprechend einteilen konnten). Das Verfahren nannte sich „Continuous Descent Approach (CDA)" und wurde vor einigen Jahren wieder entdeckt. Allerdings soll der CDA heute in einer größeren Höhe beginnen und er dient auch nicht mehr dazu, Sprit zu sparen, sondern wird als Geheimwaffe gegen den Fluglärm propagiert. Allerdings stellten wir damals schon fest, dass dieses Verfahren nur bei geringem Verkehrsaufkommen angewendet werden konnte. Und dies gilt auch heute noch, weshalb er zum Beispiel in Frankfurt nur während der Nacht durchgeführt wird. Ein Umstand, auf den die DFS denn auch hinweist.

Bei den Instrumentenanflügen wird zwischen Präzisions- und Nichtpräzisionsanflügen unterschieden. Zu den ersteren zählten ILS-Anflüge und heute kommen noch jene Verfahren dazu, die mit Hilfe der Satellitennavigation geflogen werden. Anflüge, die sich der Hilfe eines ungerichteten Funkfeuers bedienen (NDB-Anflüge) oder gar durch die Anweisungen des Controllers durchgeführt werden, zählen zu der Kategorie der Nichtpräzisionsanflüge. Besonders letztere, als SRE-Anflüge (Surveillance Radar Equipment) bezeichnet, wurden von uns immer wieder geübt. Dabei mussten die Anflüge zum Endanflug geführt und danach mit einem bestimmten Steuerkurs auf dem „final approach" gehalten werden. Da wir natürlich die Windverhältnisse, die in den unterschiedlichen Höhen und Entfernungen herrschten, nicht genau kannten, war es manchmal gar nicht so einfach, den richtigen Vorhaltewinkel zu finden. Wir waren dann schon froh, wenn der Flieger bei sechs oder fünf Meilen richtig saß und die Piloten uns dann erklärten, sie hätten die Piste nun genau vor sich. Dabei fielen diese Anflüge nicht immer zur Zufriedenheit beider Seiten aus. Wenn dann ein Pilot meinte, er wäre

„pretty well alined for a housing area", dann konnte die Radarführung bestenfalls als suboptimal bezeichnet werden.

Natürlich war die Durchführung eines solchen SRE-Anflugs auch Bestandteil des „Check-Outs". Als ich mich dieser Prüfung unterwerfen musste, wurde die Besatzung einer PanAm B727 gefragt, ob sie einen SRE-Anflug zu „controller´s check-out" akzeptieren würde. „With pleasure" meinte der Pilot. Und der Anflug gelang mir ausgezeichnet. Denn offensichtlich hatten sich die beiden Piloten entschlossen, mir zu helfen, indem sie schlicht und einfach das ILS abflogen. Und als sie dann bei drei Seemeilen vom Aufsetzpunkt meinten, sie hätten die Piste in Sicht und sich für meine exzellente Radarführung bedankten, meinte die „Checker-Crew": „Das gilt nicht. Der hat das ILS geflogen." Den nächsten SRE-Anflug musste ich dann mit einer Balkan Tu-154 durchführen. Und als die dann bei sechs Meilen so richtig „saß", waren die Prüfer recht zufrieden und ich ganz stolz auf meine Leistung.

Dann gab es noch die Möglichkeit, die Piloten für einen Sichtanflug freizugeben. Vorausgesetzt, sie hatten den Platz in Sicht und baten um die Durchführung eines „visual approach". Das hatte mehrere Vorteile. Zum einen, dass wir den Flieger nicht mehr mit Radar führen mussten und die Piloten sich den Anflug so einteilen konnten, wie sie es für optimal hielten. Wir gingen dann meist davon aus, dass sie den Anflug so kurz wie möglich gestalteten (die kürzesten wurden übrigens von den DC-9 – Piloten der Swissair durchgeführt). Aber da die Piloten ihren Anflug ja selbst einteilen konnten, fiel der Gegenanflug hin und wieder dann doch etwas länger aus als wir dies uns vorgestellt hatten. Dann musste man sie fragen, ob sie denn in der Lage wären, nun in den Queranflug einzudrehen. Weil wir dann den nächsten Flug bereits angedreht, das heißt, ihm einen Steuerkurs zum Erfliegen des ILS angewiesen hatten und nun die Gefahr bestand, dass sich die beiden Flüge zu nahe kamen.

Und dann war bei den Sichtanflügen nicht auszuschließen, dass sie direkt über das eine oder andere Dorf in der Nähe des Flughafens bretterten. Deshalb wurde in der Lärmschutzkommission immer wieder gefordert, diese „visual approaches" generell zu untersagen oder sie zumindest etwas lärmarmer zu gestalten. Sichtanflüge aus dem Norden waren ohnehin verboten, aber da wir uns das Instrument der „visual approaches" zumindest für Anflüge aus dem Süden erhalten wollten, hatten wir uns verpflichtet, diese zumindest über die „Outer Markers" bzw. die „Locater Beacons" zu führen. Diese standen direkt im Endanflug, so zwischen drei und vier Seemeilen von der Piste entfernt. Doch das war dann auch nicht recht. Denn wenn wir die Piste 26 (heute 25) in Betrieb hatten, so war eine Gemeinde ganz besonders vom Fluglärm betroffen. Weil die Anflüge über ihr in den Endanflug eindrehten und den Lärm direkt auf das Zentrum des Ortes bliesen. Also wurde in Absprache mit der Lufthansa ein neues Verfahren geboren. Von nun an sollten Sichtanflüge in einer Entfernung von sechs Seemeilen in den Endanflug eindrehen. Und zwar östlich des Neckars. Dieser Punkt war ganz einfach zu finden. Denn da befand sich ein Kraftwerk, das eigentlich nicht zu übersehen war. Der Nachteil des Kraftwerks bestand in den Abgasen der Schornsteine und des Kühlturms, was für ordentliche Turbulenzen sorgen konnte. Aber dies galt nicht nur für Sichtanflüge, sondern für alle.

Dummerweise schien diese Vorschrift den Weg nach außen gefunden zu haben, so dass sich ein offensichtlich wenig ausgelasteter Rentner den Spaß (oder die Mühe) gemacht hatte, die anfliegenden Flugzeuge von seinem Balkon oder Vorgarten aus genau zu beobachten. Immer dann, wenn er der Meinung war, ein anfliegendes Flugzeug hätte sich nicht an das Verfahren gehalten und habe bereits westlich des Neckars in den Endanflug eingedreht, verfasste er eine Beschwerde. Zu meinen Zeiten als Betriebssachbearbeiter flatterte mir fast täglich ein Schreiben dieses Herrn auf den Tisch. Dann musste ich einen der Mitarbeiter bitten, eine Radaraufzeichnung des betreffenden Fluges anzufertigen. Der Betriebsrat, der ja der Anfertigung einer derartigen Aufzeichnung zustimmen musste, gab mir für diese Fälle eine pauschale Genehmigung. Die Untersuchungen gingen dann aus wie das Hornberger Schießen. Ich kann mich nicht daran erinnern, dass wir eine Besatzung erwischt hätten, die sich nicht an die Vorschrift gehalten hätte.

Der Vollständigkeit halber soll noch an eine kurze Episode erinnert werden, zu welcher besondere Verfahren angewendet wurden. Sie wurden von uns als „Rodeo-Verfahren" bezeichnet. Denn da hatte die RAF, was in diesem Fall nicht für „Royal Air Force", sondern für „Rote Armee Fraktion" stand, angedroht, eine Lufthansamaschine vom Himmel zu holen. Die Sicherheitsbehörden nahmen diese Drohung durchaus ernst. Zumal entsprechende, tragfähige Flugabwehrwaffen leicht auf dem illegalen Waffenmarkt zu beschaffen waren. Die USA haben unter anderem die Taliban damit ausgerüstet, als diese die sowjetische Armee in Afghanistan bekämpften. Frei nach dem Motto, nach welchem der Feind (die Taliban) meines Feindes (die Sowjets) ganz einfach mein Freund sein muss. So war es nicht gerade sinnvoll, die Lufthansaflüge auf jenen Strecken abzuwickeln, deren Verlauf man leicht dem Luftfahrthandbuch entnehmen konnte. Lufthansaflüge wurden deshalb auf recht unkonventionellen Strecken zu einem möglichst kurzen Endanflug geführt und nach dem Start folgten diese auch nicht den SIDs, sondern rissen ihren Flieger kurz nach dem Abheben in eine Links- oder Rechtskurve. Es war schon toll zu sehen, was man mit einer Boeing 737 so alles machen kann! Besonders interessant war es nachts, wenn die Lufthansapiloten ohne Positions- und Zusammenstoßwarnlichtern starteten und wir manchmal glaubten, ein schwarzer Schatten wäre in unmittelbarer Nähe an unserem Tower vorbeigeflogen. Gehört hatten wir ihn auf jeden Fall. Was natürlich auch erklärt, dass diese Rodeoverfahren nicht unbedingt mit den Lärmschutzvorschriften in Einklang zu bringen waren. Allerdings kann ich mich nicht daran erinnern, dass sich jemand über diese Verfahren beschwert hätte und ich habe keine Berichte gelesen, nach welchen sich die Krankheitsrate in den Anliegergemeinden signifikant erhöht oder sich bei der Bevölkerung irgendwelche Verhaltensstörungen gezeigt hätten.

Die fliegende Kundschaft

Eigentlich ist es ganz einfach. Jeder Kunde ist gleichwertig und Vorzugsbehandlungen gibt es nur unter bestimmten Bedingungen. Diese wiederum sind in internationalen Vorschriften festgelegt und besagen unter anderem, dass ein Luftfahrzeug, das sich in einer Notsituation befindet, bevorzugt behandelt werden muss. Und dass einem Flugzeug mit einem Staatsoberhaupt an Bord gegenüber einem normalen Linienflug Vorrang eingeräumt wird, darf nicht weiter verwundern. Ferner genießen Flüge des Such- und Rettungsdienstes, mit Regierungschefs und Flüge der Luftverteidigung bestimmte Präferenzen. Aber ansonsten sind alle gleich – egal ob es sich dabei um einen Jumbojet oder um eine Piper 28 handelt. Generell gilt das Prinzip „first come, first served". Zumindest in der Theorie – manchmal ist es aus den bereits erwähnten Gründen einer möglichst eleganten und verzögerungsfreien Verkehrsabwicklung sinnvoll, von diesen grundlegenden Prinzipien abzuweichen. So mancher Pilot, der mit seinem Privatflugzeug an der Piste auf seine Startfreigabe wartet, könnte manchmal den Eindruck bekommen, der Controller hätte ihn vergessen. Weil er eigentlich schon längst dran gewesen wäre.

Zusätzlich stellt sich die Kundschaft der Controller ziemlich gemischt dar. Zunächst einmal gilt es zwischen Flugzeugen, die nach Instrumentenregeln (IFR) und solchen die nach Sichtflugregeln (VFR) operieren zu unterscheiden. Wobei die ersteren meist die größeren und die anderen meist etwas kleiner sind. Der größte Unterschied liegt dabei in der Tatsache, dass IFR-Flüge ohne Probleme durch Wolken fliegen und bei schlechten Sichtwerten landen können. Also auch dann noch fliegen, wenn die Vögel zu Fuß gehen. Bei den VFR-Flügen ist es gerade anders herum – sie müssen, je nach Luftraumkategorie, einen bestimmten Abstand zu den Wolken einhalten. Was nicht allen immer auch gelang. Ein Umstand, auf welchen noch zurückzukommen ist.

Desweiteren tummeln sich die unterschiedlichsten Typen im deutschen Luftraum. Da wären zunächst einmal die Linien- und Charterflüge, die Geschäftsreiseflieger sowie die Privat- und Segelflieger. Wobei die Segelflieger an den Flughäfen seltener zu sehen sind, aber sie tummeln sich oftmals in unmittelbarer Nähe eines Flughafens. Gerade die südlich des Stuttgarter Flughafens gelegene Schwäbische Alb ist als ein Paradies für Segelflieger bekannt. An manchen Tagen waren sie so zahlreich in der Luft, dass unser Radar die einzelnen Ziele nicht mehr unterscheiden konnte und uns eine kompakte Wolkenformation anzeigte. Und da war es nicht gerade sinnvoll, einen Linienflug durch eine solche „Sperrholzwolke" zu führen. Wobei „Sperrholzwolke" aus heutiger Sicht etwas antiquiert wäre. Sinnvoller wäre es, von einer „Kunststoffwolke" zu sprechen.

Natürlich darf das Militär nicht vergessen werden. Wobei Militär nicht gleich Militär ist. Denn da gibt es die Hubschrauber der Heeresflieger, die sich in Bierflaschenhöhe durch die Luft bewegen. Meistens operieren sie im unkontrollierten Luftraum und sind für die Controller von geringem Interesse. Es sei denn, sie nerven die Kollegen vom Fluginformationsdienst mit irgendwelchen abnormalen Anfragen und Bitten. Oder sie wollen die Kontrollzone eines Flughafens durchqueren oder gar an dem jeweiligen Platz landen. Auch die Jungs von der schnellen Truppe, also die Phantoms, Tornados und Eurofighter behelligen die Controller meist nicht. Sie bewegen sich meist nach Sichtflugregeln und unterliegen im Luftraum E dann nicht der Kontrolle. Weshalb sie auch überhaupt nicht einsehen, sich bei einem zivilen Controller zu melden. Auch dann nicht, wenn sie sich im Nahbereich eines Flughafens befinden, wo das Verkehrsaufkommen etwas höher ist als im Luftraum über der norddeutschen Tiefebene. Den Radarlotsen bleibt dann oft nichts anderes übrig als die von ihnen kontrollierte Kundschaft vor schnell fliegenden Zielen zu warnen. Diese Problematik wurde bereits beschrieben. Allerdings ist es durch die Gestaltung der Luftraumstruktur gelungen, den Nahbereich von verkehrsreichen Verkehrsflughäfen entsprechend sauber zu halten.

Kamen sich zwei Luftfahrzeuge zu nahe, dann wurde dies als „nearmiss" bezeichnet. Dieser Begriff wurde – inbesondere zu Zeiten des Kalten Kriegs - als „Fast- oder Beinahezusammenstoß" bezeichnet, was nicht unbedingt zur Beruhigung der Öffentlichkeit beitrug. Deshalb ist man dazu übergegangen, derartige Vorkommnisse als „Air Prox" oder „Flugzeugannäherung" zu bezeichnen. Das ist zwar dasselbe wie ein „nearmiss", aber es hört sich viel besser an. Man muss dem Kind eben nur den richtigen Namen geben.

Regelmäßige Kundschaft der zivilen Flugsicherung sind jedoch die Transport- und VIP-Flieger des Militärs. Die verhalten sich wie Airliner, nur dass sie hin und wieder in Tarnfarben daherkommen und dass die Cockpitcrews Fliegerkombis tragen.

Allerdings schauten die Kampfpiloten ganz gerne mal an einem zivilen Flughafen vorbei, indem sie dort einen Tiefanflug durchführten, um sich dann wieder „in die Büsche zu schlagen". Wir haben uns über derartige Besuche gefreut, weil sie durch die Leistungsdaten ihrer Flugzeuge für uns eine besondere Herausforderung und eine Abwechslung im normalen Betrieb darstellte. Wobei ich ein Ereignis schildern möchte, das ich noch als „Trainee" erlebt habe und das unsere Coaches (bei dem Vorgang war noch ein weiterer Fluglotsenlehrling beteiligt) in einen Gemütszustand versetzte, den man nicht unbedingt als stabil bezeichnen konnte.

Zu jener Zeit waren auf dem Fliegerhorst von Söllingen (dem heutigen Regionalflughafen Karlsruhe

– Baden-Baden bzw. Baden-Airport) kanadische F-104 „Starfighter" stationiert (sie wurden später von F-18 abgelöst). Mit den Piloten der beiden Staffeln pflegten wir ein sehr gutes Verhältnis, viele kannten wir aufgrund von gegenseitigen Besuchen persönlich. Wenn sie dann mit ihren 104s von einem Tiefflugeinsatz auf dem Rückweg waren und noch genügend Kerosin in den Tanks hatten, dann beehrten sie uns mit einem Tiefanflug. An jenem Vormittag, an welchem das nachfolgend geschilderte Ereignis stattfinden sollte, „trainierte" ich auf der Arbeitsposition des „Feeders" oder „Directors". Meine Aufgabe war also, anfliegende Luftfahrzeuge in einen geordneten Verkehrsfluss zu bringen, sie mit Radar zum ILS (Instrumentenlandesystem) zu führen und sie dann wohl gestaffelt an den Tower zu übergeben. Dort arbeitete der bereits erwähnte zweite „Trainee". Als sich dann der Pilot eines kanadischen Starfighters bei mir meldete und um einen Tiefanflug bat, war mir das hochwillkommen. Konnte ich doch mal zeigen, was ich inzwischen so gelernt hatte. Allerdings handelte es sich nicht um eine einzelne F-104, sondern um eine Formation von vier. Nachdem ich die Flugdaten (Rufzeichen, Luftfahrzeugmuster, Absichten) aufgenommen und an den Tower weitergegeben hatte, machte ich mich ans Werk. Dazu muss erwähnt werden, dass Kampfflugzeuge zu jener Zeit nicht in der Lage waren, einen ILS-Anflug durchzuführen. Ich musste die Maschinen also mit einem „SRE (Surveillance Radar Equipment) – Approach" zur Piste führen, indem ich ihnen Kursanweisungen erteilte und ihnen, nachdem ich sie zum Sinkflug aufgefordert hatte, in regelmäßigen Abständen Höheninformationen übermitteln. Dazu kam, dass die F-104 ein Flugzeug von der schnelleren Truppe war. Anweisungen wie bei Airlinern üblich, nun auf eine Geschwindigkeit von 170 Knoten oder noch darunter zu reduzieren, hätten die Piloten möglicherweise veranlasst, ihr Flugzeug mit Hilfe des „Martin Baker"-Schleudersitzes zu verlassen. Mit anderen Worten: die Jungs hatten während des Anflugs ganz schön Speed drauf.

Vorsichtig wie ich war, hatte ich die Formation zunächst auf einen „Twenty-miles-final" geführt. Denn da hatte ich genügend Zeit, entsprechende Kurskorrekturen anzubringen. Bei etwa zwölf Seemeilen von der Piste hatte ich es geschafft – mit meinen Kursanweisungen flogen sie nun recht genau in Richtung Landebahn. Meinen Kollegen hatte ich informiert, als die vier Starfighter zwanzig und zehn Meilen draußen waren; schließlich sollte der ja in der Lage sein, den Platzverkehr entsprechend der schnellen Kundschaft einzuteilen. Doch als sie noch sechs Meilen entfernt waren und ich einen „Six-Miles-Check" an den Tower gab, hörte ich, wie mein Kollege dem Abflugkoordinator die Startzeit einer B727 durchgab. Bei der hohen Geschwindigkeit waren sechs Meilen für die Starfighter gar nichts, so dass mir nur noch übrig blieb, sie über die gestartete Boeing und über das, was sie tun würde, zu informieren: „Traffic is a B727, just lifting off runway 26. He´ll climb on runway heading to 3 500 feet and then he´ll be doing a right turn to the northwest!"

„Roger, we got´em in sight. We´ll stay low and clear of him!"

Was dann passierte, konnte mit jeder Airshow mithalten. Während sich die 727 noch im Steigflug befand, wurde sie noch über dem Flughafengelände von vier Starfightern überholt. Es sah aus, so wurde mir später erzählt, als ob sich ein Staatsgast an Bord der 727 befände und die F-104 zur Eskorte eingeteilt worden wären. Schade, dass ich es nicht selbst sehen konnte. Aber ich saß ja vor meinem Radar und machte mich daran, den nachfolgenden Verkehr abzuwickeln. Nachdem sich die Aufregung etwas gelegt hatte und sich der Blutdruck unserer „Coaches" wieder normalisiert hatte, meinte mein Wachleiter: „Mit so ebbes kommscht end Zeidong!" Auf hochdeutsch: „Damit kommst Du in die Zeitung!

Bleibt noch zu erwähnen, dass später einige Kollegen einen Starfighterpiloten baten, ihnen doch einmal die Steigflugrate einer F-104 unter dem Einsatz des Nachbrenners zu demonstrieren. Ich habe mir sagen lassen, dass es ein sehr eindruckvolles Erlebnis war. Wobei die Lärmmessgeräte an die Grenze ihrer Leistungsfähigkeit gekommen sein sollen. Von da an waren Tiefanflüge der kanadischen Luftwaffe strengstens verboten!

Bei der Schilderung der fliegenden Kundschaft dürfen natürlich jene Piloten nicht vergessen werden, die sich nach den Sichtflugregeln (VFR) durch die Luft bewegen. Besonders an Flughäfen mit einem hohen Mix an IFR- als auch VFR-Flügen waren letztere „das Salz in der Suppe". Bei den VFR-Piloten gab es auf der einen Seite die Profis, die über eine sehr große

Erfahrung verfügten und mit denen zusammenzuarbeiten eine Freude war. Darunter fielen Fluglehrer, Rundflugpiloten, Rettungsflieger und die Jungs und Deerns der Polizei und des Bundesgrenzschutzes. Um nur einige zu nennen. Und natürlich auch Militärpiloten. Nicht nur die von der schnellen Truppe, sondern auch die der Transport- und Kurierfliegerei. Wenn man die zu einem „short approach" aufforderte, dann war das auch ein kurzer Anflug. Auf der anderen Seite gab es natürlich auch eine nicht ganz unbeträchtliche Zahl von Piloten, die sich nur sporadisch in ihr Flugzeug setzten und deshalb nicht über die Erfahrung eines Profis verfügten. So dass ein „short approach" eben nicht „short" und eine „long landing" eben nicht lang genug ausfiel. Dann konnten sie die Planungen eines Controllers ganz schön durcheinander bringen. Was nicht selten in einem „Go around" des nachfolgenden Airliners resultierte. An einigen Tagen war man denn auch froh, wenn man nach zwei Stunden auf dem Tower abgelöst wurde und sich nach der „Delta Echo" – Dressur (Delta Echo wegen der deutschen Kennzeichen für einmotorige Flugzeuge bis zu einem maximalen Abfluggewicht von zwei Tonnen) sich der Kontrolle von IFR-Flügen widmen konnte.

Doch auch als Radarlotse, gleichgültig ob bei der Anflug- oder bei der Bezirkskontrolle, musste man sich nicht nur mit IFR-Flügen befassen. Eine Vielzahl anderer Luftverkehrsteilnehmer verlässt sich auf die Dienste der Flugsicherung. Flüge, die besondere Überwachungsaufgaben zu erfüllen haben, Luftfahrzeuge, die an bestimmten Orten Fallschirmspringer (militärische und zivile) abzusetzen haben oder Rettungshubschrauber, die mit Radar auf dem kürzesten Weg zu ihrem Einsatzort oder zu einem Krankenhaus geführt werden wollen. Dazu kommen noch ganz normale VFR-Flüge, die nicht gegenüber anderem Verkehr gestaffelt werden und sich bei der Flugsicherung eigentlich auch gar nicht melden müssen. Aber viele fühlen sich offensichtlich wohler, wenn sie sich mit einem Controller in Verbindung gesetzt haben und der ihnen dann auch noch mitteilte, dass er sie auf seinem Radar sehe. Das scheint für die Piloten irgendwie beruhigend zu sein, obwohl sie ja wissen, dass sie für den Abstand zu anderen Luftfahrzeugen und die Einhaltung der Ausweichregeln selbst verantwortlich sind. Manchmal kam ich mir dabei vor, also wäre ich der Betreuer einer „VFR-Bewahranstalt“.

Die für diese Aufgaben vorgesehene Arbeitsposition war der Fluginformationsdienst (FIS – Flight Information Service). Heute gibt es dafür speziell ausgebildete FIS-Spezialisten. Zu meiner Zeit wurde FIS jedoch von ganz „normalen“ Controllern besetzt und es war, um es ganz ehrlich zu sagen, eine ungeliebte Position. So mancher Wachleiter hatte eine Liste erstellt und seine Controller in ausgleichender Gerechtigkeit als FIS-Lotse eingesetzt.

Dass die Arbeit als FIS-Lotse unbeliebt war, hatte natürlich seine Gründe. Denn wenn das Wetter gut war und dies dazu auf ein Wochenende fiel, dann hatte man jede Menge Kunden auf der Frequenz, die eigentlich nur in Kontakt mit einem Controller sein wollten, um ihm mitzuteilen, dass sie in Flugfläche 85 von Trier nach Kempten (oder sonst wo) unterwegs wären. Wobei sie natürlich darauf hofften, dass der Controller sie auf anderen Verkehr aufmerksam machte. Oder sie rechtzeitig vor dem Einflug in ein aktives Beschränkungsgebiet, ein Gebiet mit erhöhtem Segelflugbetrieb oder gar vor etwaigen

Gewitterwolken warnte. Etwas, was eigentlich nicht Aufgabe des Fluginformationsdienstes war und der Controller aufgrund der Vielzahl an „VFR-Kunden" es eigentlich keinem so richtig recht machen konnte.

War das Wetter jedoch schlecht, dann langweilte man sich als FIS-Lotse. Normalerweise. Doch es gab auch jene Fälle, an denen sich VFR-Piloten beim Flug über einer geschlossenen Wolkendecke das berühmte „Loch vom Dienst" einfach gar nicht einstellen wollte. Oder weil sie zu viele Wolken umfliegen mussten, die Grenze der Wolkenunterschicht immer weiter in niedrigere Höhen verschob und/oder sie sich schlicht und einfach verflogen hatten (GPS war damals noch nicht weit verbreitet). Dann konnte man als FIS-Lotse recht schnell ins Schwitzen und zu einem höheren Pulsschlag kommen. Vor allem wenn der Pilot dann noch erklärte, er hätte gerade noch Sprit für 20 Minuten....

Meist genügte es, den Kandidaten zu einer Position zu führen, von welcher er nach Eigennavigation weiterfliegen konnte. Das klappte meist ganz gut und wenn der Pilot dann erklärte, er wisse nun wieder, wo er sich befinde und die Wolkenuntergrenze lasse auch einen Weiterflug zu, dann war die Sache recht schnell erledigt. Etwas komplizierter wurde es jedoch, wenn ein VFR-Flug durch die Wolken geführt werden musste. Das war recht einfach, wenn der Pilot über eine IFR-Lizenz verfügte und das Flugzeug auch entsprechend ausgerüstet war. Dann konnte man ihm ganz einfach eine IFR-Freigabe verpassen. Etwas schwieriger war es jedoch, wenn der Pilot nicht nach Instrumentenregeln fliegen konnte oder das Flugzeug dafür nicht ausgerüstet war. Zunächst musste man eine Gegend finden, in welcher die Wolken nicht auflagen und der Pilot noch gute Chancen hatte, seinen Flug unter denselben fortzusetzen. War dies nicht der Fall, so war es das sinnvollste, ihn mit Hilfe eines SRE-Anflugs zum Flughafen zu bringen. Das dauerte natürlich und ein Teil des IFR-Verkehrs musste erst einmal ins „Holding". Wenn dann das Flugzeug mit möglichst geringen Kursänderungen sowie mit einer stabilen Sinkflugrate zum Endanflug geführt worden war und der Pilot dann irgendwann die Piste sah, dann konnte man richtig tief durchatmen. Nicht nur der FIS-Lotse, sondern alle anderen auch. Wobei an einen Fall erinnert werden soll, der uns beinahe die Sprache verschlagen hat. Da hatte der Kollege einen „Delta Echo", der eigentlich zu einem Landeplatz etwa 100 km südlich von Stuttgart fliegen wollte und irgendwie in schlechtes Wetter geraten war, in den Endanflug geführt. Doch als das Flugzeug in einer Entfernung von etwa zwei Seemeilen „aus den Wolken" fiel, meinte der Pilot, nun befände er sich ja unter der Wolkendecke und er könne ja nun zu seinem eigentlich Zielflugplatz weiterfliegen. Erst nachdem der Towercontroller darauf hin wies, dass die Wolken auf der Schwäbischen Alb aufliegen würden und ihn fragte, ob er sein Schicksal eigentlich nicht schon zur Genüge herausgefordert habe, entschloss er sich zur Landung.

In diesem Zusammenhang muss eigentlich über ein weiteres Ereignis berichtet werden, das sich in München zugetragen haben soll und in Controllerkreisen immer wieder erzählt wurde. Es hatte sich wohl zu jener Zeit zugetragen, zu welcher FIS-Arbeitsplätze lediglich bei den Bezirks-, jedoch nicht bei den Anflugkontrollstellen eingerichtet waren. VFR-Flüge, die einen Nahverkehrsbereich (Terminal Area) durchquerten, meldeten sich dann einfach bei den Approachcontrollern. So entspann sich folgender Dialog zwischen dem Controller und den betroffenen Piloten:

„Radar, Delta Echo Xray Xray Xray, flightlevel 95, **above** layers (also über den Wolken)!"

„Delta Xray Xray, roger."

Radar, Delta Echo Yankee Yankee Yankee, flightlevel 65, **below** layers (also unter den Wolken)."

„Delta Yankee Yankee, roger."

Worauf sich plötzlich die sonore Stimme eines PanAm – Piloten meldete: „And this is the Clipper 771, we´re flightlevel 80 **between liars!**"

Zum Schluss soll noch auf ganz besondere Flüge eingegangen werden. Auf die der Flugvermessung. Die hatten eine durchaus wichtige Aufgabe zu erfüllen. Sie hatten in regelmäßigen Abständen unsere Funknavigationsanlagen zu vermessen. Das heißt, diese darauf hin zu überprüfen, ob sie den Piloten noch richtige Informationen lieferten. Als ich bei der BFS angefangen habe, waren die Flugvermesser noch Teil unserer Behörde. Später gab es dann eine gemeinsame Flugvermesssungsstaffel der BFS und der Luftwaffe, die sich sowohl der zivilen als auch der militärischen Funknavigationsanlagen annahm. Und nachdem die BFS zur privatrechtlich organisierten DFS mutiert war, wurde die gemeinsame Flugvermessungsstaffel aufgelöst und der Laden entsprechend der geltenden Managerlehre „outgesourced". Flugvermessung wird heute von der „Flight Calibration Service GmbH" durchgeführt.

Ihre Flotte bestand zunächst aus De Havilland D.H. 104 „Dove" und die Messflugzeuge wurden von uns deshalb als „Bundestaube" bezeichnet. Später wurden sie von Hawker Siddeley HS 748 abgelöst. Die waren etwas größer als die Tauben und schmückten sich beim Militär mit der Bezeichnung „Andover". Für uns blieben sie auch weiterhin die „Bundestauben", auch wenn sie inzwischen etwas ausgewachsen waren und nun, sagen wir, vielleicht die Größe eines Bussards angenommen hatten. Obwohl, wenn man sich die Leistungsfähigkeit einer HS 748 betrachtet, dann haut das mit dem Bussard nicht so richtig hin. Klar war sie schneller und leistungsfähiger als die „Dove". Aber ein „Renner" war sie wirklich nicht und vielleicht wäre im Vergleich zu einer Taube die Bezeichnung eines Brathähnchens wohl eher zutreffend. Passt irgendwie auch nicht – Brathähnchen können ja nicht fliegen. Beide Flugzeugmuster sind heute kaum noch anzutreffen und können inzwischen getrost als Exoten bezeichnet werden.

Die Flugzeuge trugen drei rote „Bauchbinden" um den Rumpf und waren von anderen Piloten so recht gut zu erkennen. Zum Ende ihrer Karriere waren sie mit auffälligen Farben lackiert. Beides, sowohl die Bauchbinden als auch die farbenfrohe Bemalung machten Sinn. Schließlich flogen sie – zumindest im Nahbereich der Flughäfen - nach Sichtflugregeln und konnten so von anderen Piloten recht gut erkannt werden. Zumal sie auch dann noch flogen, wenn gerade noch die unteren Werte der Sichtflugbedingungen erreicht waren. Um es einmal vorsichtig auszudrücken. Die Flight Calibration Service GmbH operiert heute mit zwei entsprechend modifizierten Kingairs Be350.

Wenn es darum ging, die Streckenfunkfeuer zu vermessen, dann flogen sie ganz einfach bestimmte Funknavigationsstrecken ab. Das war nicht besonders aufregend; von den anderen Flügen unterschieden sie sich kaum. Sie flogen eben von A nach B und hatten lediglich den Wunsch, bei diesen Flügen nicht gestört zu werden. Das bedeutete, dass ihnen die anderen ausweichen mussten. Oder zu einem Flughöhenwechsel angewiesen oder in einer aufwändigen Radarführung um den „Calibrator" herumgeführt werden mussten.

Problematischer war es, wenn sie zu uns kamen, um das bzw. die Instrumentenlandesysteme (ILS) zu untersuchen. Was zunächst einmal kein Problem war, wenn sie das ILS der „runway-in-use" untersuchten. Dann flogen sie die Piste aus genau der Richtung an wie dies alle anderen anfliegenden Maschinen auch taten. Sie schwammen gewissermaßen mit dem Verkehrsstrom mit und es war – auch wenn sie einen größeren Abstand zu dem „Vorherfliegenden" haben wollten - nicht besonders schwierig, sie in den anfliegenden Verkehr zu integrieren. Allerdings kam dieser Fall ziemlich selten vor. Meist hatten sie sich in den Kopf gesetzt, das ILS der „opposite runway" zu vermessen. Sie flogen damit entgegen der Betriebsrichtung und wenn dann – was allzu oft der Fall war - der Wind aus der „falschen" Richtung mit zu vielen Knoten wehte, dann konnte auch die

Betriebsrichtung nicht „gedreht" werden. Nicht Einbahnverkehr war dann angesagt, sondern Gegenverkehr in einer Sackgasse. War die „Bundestaube" am Platz, dann bedeutete dies erhöhten Arbeitsaufwand und Verzögerungen für alle anderen.

Damit wäre die fliegende Kundschaft eigentlich in groben Zügen beschrieben. Aber die fliegende ist nur eine von mehreren, mit denen man als Controller zu tun hatte. Denn es gab (und gibt) noch ein paar andere. Die einen, die etwas von uns wollten und die anderen, von denen wir etwas haben wollten.

Und die anderen Kunden

Zunächst einmal sollte festgestellt werden, dass es mehr Kunden gab, die von der Flugsicherung etwas haben wollten als jene, von denen wir etwas haben wollten. Es waren diverse Behörden, Bürgermeisterämter, Ingenieurbüros und sonstige Institutionen, die mit der Flugsicherung in Kontakt traten. Nicht zu vergessen die Fluglärmkommission. Die Flugsicherung ist Mitglied derselben und muss sich dann mit den Wünschen der Gemeinden und Fluglärmgegnern auseinandersetzen. Denn die wollten gerne wissen, wie man den Fluglärm verringern oder ob und wie man eine Abflugstrecke verändern konnte. Oder ob die Flugsicherung nicht dafür sorgen könnte, dass ein Freilufttheater zu bestimmten Zeiten nicht überflogen werde. Natürlich zählten auch die Aufsichtsbehörden zu den „Kunden", die sich nach bestimmten Ereignissen erkundigten oder der Lärmschutzbeauftragte, der ganz gerne einmal wissen wollte, weshalb ein abfliegendes Luftfahrzeug zu früh (zumindest nach der Meinung der Beschwerdeführer) von der veröffentlichten Abflugstrecke abgewichen war. Aber mit diesen Kunden hatten die Controller selbst nicht so viel zu tun. Sie wurden von unseren Sachbearbeitern im Betriebsbüro, das salopp als Bel-Etage bezeichnet wurde, „abgefertigt". Was manchmal nicht ganz einfach war, diesen Kunden die Belange der Flugsicherung (und ihrer Kunden) beizubringen. Und da ich in meinen letzten Jahren als Sachbearbeiter tätig gewesen bin, kam ich zu der Überzeugung, dass das St.Florians-Prinzip besonders auf dem Gebiet des Fluglärms seine geheiligten Urständ feierte. Nicht nur hin und wieder, sondern ständig.

Aber da waren natürlich auch die Fluggesellschaften, die von uns erwarteten, dass wir ihre Flüge pünktlich abwickelten. Und offensichtlich erwarteten die Platzhirsche, also jene Fluggesellschaften, auf deren Konto die Masse der Flugbewegungen ging, irgendwie mit Vorrang behandelt zu werden. Natürlich wählten sie dabei den offizellen Weg über die „Bel-Etage". Aber hin und wieder konnte es sein, dass sich die Station der jeweiligen Fluggesellschaft beim Wachleiter meldete und fragte, ob man einen bestimmten Flug, der schon verspätet reingekommen war, nicht etwas vorziehen könnte. Weil er doch zum Drehkreuz flog und viele Anschlusspassagiere an Bord hätte. Derartigen Wünschen konnte man natürlich offiziell nicht stattgeben. Schließlich ist ein „behind schedule" kein Kriterium für eine Vorrangbehandlung. Wenn man das Flugzeug dann auf der Frequenz hatte, dann versuchte man eben doch, den Flieger möglichst schnell „vom Hof" zu bekommen. Oder ihm als Radarlotse einen etwas großzügigen „short cut" anzubieten. Piloten der Air France, die eigentlich sehr angenehme Kunden waren und selten drängelten, konnten jedoch ganz schön nervig werden, wenn sie etwas verspätet waren und Anschlusspassagiere für die Concorde an Bord hatten.

Ein entsprechendes Ereignis ist mir bis heute in Erinnerung geblieben, das irgendwie mit

Verspätung und mit Lärmschutz zu tun hatte. Damals gab es einen abendlichen Caravelle-Flug einer inzwischen nicht mehr existierenden deutschen Fluggesellschaft, der von Düsseldorf über Stuttgart nach Istanbul verkehrte. Von Düsseldorf nach Stuttgart wurden Zeitungen transportiert und von Stuttgart nach Istanbul türkische Gastarbeiter. Eines Abends saß ich nach der Spätschicht im Büro des Stationsleiters jener Fluggesellschaft, weil wir anschließend noch ein gemeinsames Bier zu uns nehmen wollten. Doch mit dem Bier sollte es so schnell nichts werden, denn der Gute wartete auf seine Caravelle, die etwas verspätet aus Düsseldorf angesegelt kam. Dem Stationsleiter war schon klar, dass das Flugzeug am Boden möglichst schnell „umgedreht", also die Zeitungen schnellst möglich ausgeladen und die türkischen Passagiere ebenso zügig eingeladen werden mussten. Denn die Zeit des Nachtflugverbots nahte und um eine Ausnahmegenehmigung hatte sich der Stationsleiter nicht gekümmert. Vielleicht weil er wusste, dass es sich bei der Caravelle um ein relativ lautes Flugzeug, um einen sogenannten „fuel to noise converter“, handelte und die zuständige Genehmigungsbehörde sich deshalb mit ihrer Zustimmung etwas schwer tun würde.

So bot sich auf der Parkposition ein beeindruckendes Schauspiel – die zu Paketen zusammengeschnürten Zeitungen wurden aus der vorderen Tür des Flugzeugs geworfen, während die Passagiere gleichzeitig über die Heckklappe in die Caravelle einstiegen. Kurz vor Beginn des Nachtstartverbots erbat die Besatzung um ihre „Start-Up-Freigabe“, also um die Genehmigung, die Triebwerke anzulassen. Wobei wohl allen klar war, dass die Caravelle es nicht schaffen würde, sich noch vor dem Beginn der „Nachtruhe“ in die Luft zu erheben. Der Kollege im Tower sah dies wohl auch so und erteilte der Besatzung Start-Up-, Roll-, Strecken- und Startfreigabe in einem.

Doch Bürokraten können bekanntlich unerbittlich sein. Luftfahrtbürokraten übrigens auch. Noch während die Caravelle zum Start rollte, meldete sich der Vertreter der Luftaufsicht und verfügte, dass die Maschine wieder zur Parkposition zurückrollen müsse und der Flug nicht stattfinden könne. Grund: das bestehende Nachtflugverbot. Und weil die Fluggesellschaft es versäumt habe, eine entsprechende Ausnahmegenehmigung einzuholen. Strafe muss ja bekanntlich sein. So rollte die Caravelle wieder zurück; die berechtigterweise erbosten Türken wurden wieder ausgeladen und ins Terminal verfrachtet. Dort harrten sie der Dinge, die kommen sollten. Als sie dann jedoch etwa eine halbe Stunde später beobachteten, wie eine B737 der Lufthansa zu später Stunde startete, gelang es ihnen kaum noch, ihren Zorn zurückzuhalten. Weshalb, so fragten sie sich durchaus berechtigt, darf der und wir nicht? Dass es sich dabei um die tägliche Nachtluftpostmaschine nach Frankfurt handelte, die von dem Nachtflugverbot ausgenommen war, konnte ihnen nicht so richtig klar gemacht werden. Mit anderen Worten – die Situation schien außer Kontrolle zu geraten.

Gerettet hat sie dann der diensthabende Einsatzleiter der Polizei. Dieser rief das Innenministerium an, schilderte dort die Lage und erklärte gleichzeitig, mit seinen wenigen Einsatzkräften nicht in der Lage zu sein, die türkischen Passagiere im Fall der Fälle im Zaum halten zu können. Darauf erteilte das Ministerium die erforderliche Ausnahmegenehmigung. Die Türken wurden wieder eingeladen und kurz vor Mitternacht machte sich die Caravelle nach Istanbul auf. Obwohl sie ja um diese Zeit auch nicht weniger Lärm produzierte als eine Stunde zuvor! Trotz des ohrenbetäubenden Lärms der Caravelle-Triebwerke glaubte ich, irgendwie das Wiehern des Amtschimmels hören zu können.

Natürlich gehörte auch der Flughafen zu unseren Kunden. Nicht nur die Kollegen der Vorfeldkontrolle, mit denen wir mehr oder weniger zusammenarbeiten mussten. Doch neben diesen hatten auch diverse andere Stellen hin und wieder Wünsche an uns. Wenn es darum ging, eine Inspektionsfahrt auf den Rollbahnen und auf den Pisten durchzuführen oder wenn innerhalb des Sicherheitsbereichs der Piste Gras gemäht oder eine Lampe der Pistenbefeuerung ausgewechselt werden musste. Dann galt es, bei der Verkehrsabwicklung ein „Loch" zu schaffen. Was natürlich einen erhöhten Koordinationsaufwand erforderte und je nach Verkehrslage auch einmal etwas länger dauern konnte. Dazu kamen noch die Polizei und die Feuerwehr, die hin und wieder die Flugbetriebsflächen befahren wollten. Wenn die Feuerwehr mit ihrer gesamten Armada sich zum „Betriebsausflug" aufmachte, dann war dies zwar ein schöner Anblick. Aber die Piste war dann für unsere Hauptkunden für einen bestimmten Zeitraum eben nicht mehr zu benutzen.

Natürlich darf bei dieser Aufzählung die Wetterwarte nicht fehlen. Die war eigentlich ein Kunde, der uns zulieferte. Unter anderem mit ihren halbstündlichen Wettermeldungen, die dann in die ATIS (Automated Terminal

Information Service) – Meldung aufgenommen und verbreitet wurden. Die Piloten konnten dann schon vor der Landung oder während der Startvorbereitungen erfahren, aus welcher Richtung der Wind mit welcher (Durchschnitts)Stärke wehte, welche Betriebsrichtung („runway-in-use") und welche Art des Anflugs sie zu erwarten hatten, wie weit man sehen konnte und wieviele Wolken mit welcher Untergrenze am Himmel hingen. Dazu kamen die Luftdruck- und Temperaturwerte. Und bei schlechtem Wetter wurden auch die Werte der Landebahnsicht (RVR – Runway Visual Range) und, wenn die Piste, Rollbahnen und Vorfelder mit Schnee und Eis bedeckt waren, die Bremswerte übermittelt.

Hin und wieder bat uns die Wetterwarte um Vermittlungsdienste. Wenn zum Beispiel der Himmel durchgehend bedeckt und zu vermuten war, dass sich mehrere Wolkenschichten am Himmel befanden. So wurden wir gebeten, abfliegende Piloten nach der jeweiligen Untergrenze der diversen

Wolkenschichten zu fragen und diese dann an die Wetterfrösche weiterzuleiten. Einer Bitte, der wir und natürlich auch die Piloten gerne nachkamen. Und da gab es einen österreichischen Flughafen, der auf derselben Towerfrequenz arbeitete wie wir. Normalerweise konnte man den dort abgewickelten Funkverkehr nicht mit verfolgen. Weil der Flughafen zu weit entfernt war und sich die an- und abfliegenden Flugzeuge in niedrigen Höhen befanden, so dass der Funkverkehr nicht bis zu uns durchdrang. Das änderte sich jedoch, wenn die Flugzeuge höher waren und sich außerhalb des sogenannten Frequenzschutzbereichs befanden. So konnten wir an bestimmten Tagen so gegen acht Uhr hören, wie die AUA vom Dienst die Werte der Wolkenuntergrenze an unsere österreichischen Kollegen durchgab. Schnürlregen in Österreich!

Und natürlich wollten auch wir etwas von den Wetterfröschen. Zum Beispiel, wenn wir einen VFR-Piloten bei schlechtem Wetter unterstützten und nun wissen wollten, wo dieser eine Chance hatte, ein entsprechendes Wolkenloch zu finden oder welcher Platz noch nach Sichtflugregeln anfliegbar war. Und als Towercontroller wollten wir wissen, wie sich die Windrichtung in der nächsten Zeit entwickeln würde. Denn schließlich obliegt es den Towercontrollern, die Betriebspiste festzulegen. Also zu bestimmen, aus welcher bzw. in welche Richtung gelandet und gestartet wird. Wenn sich dann mehrere Gewitter in der Nähe des Flughafens befanden, waren die Informationen meistens nicht besonders hilfsreich. Schließlich habe so eine Gewitterwolke sein eigenes Windfeld und deshalb wäre es etwas schwierig, eine generelle Windrichtung für einen längeren Zeitraum vorherzusagen. Nun ja, Prognosen sind bekanntlich nicht ganz einfach. Besonders wenn sie die Zukunft betreffen. Zum Schluss meiner „Karriere" hatte ich mir angewöhnt, bei der Festlegung der „runway-in-use" genau das Gegenteil von dem zu tun, was die Wetterberater suggeriert hatten. Meine Trefferquote lag bei etwa 50 Prozent.

Zum Schluss sollen noch Kunden erwähnt werden, die wir eigentlich ganz sympathisch fanden, aber während des Dienstes nicht gerne gesehen haben. Und eigentlich kann man sie auch gar nicht als Kunden, sondern eher als Gefahr für den Luftverkehr bezeichnen. Die gefiederte Konkurrenz nämlich. Denn ab einer bestimmten Größe können Vögel bei einer Kollision mit einem Flugzeug beträchtliche Schäden hervorrufen oder gar einen Absturz verursachen. Hatten sich ein oder mehrere größere Vögel auf dem Flughafenareal niedergelassen, dann rückte meist die Feuerwehr aus, und versuchte, sie zu vertreiben. Durch Abschießen von Knallkörpern zum Beispiel. Doch dies nütze nicht besonders viel. Meist flogen Bussard und Co. kurz auf, um sich dann zehn Meter weiter erneut im Gras neben der Piste niederzulassen. Inzwischen versucht man, diese Vögel auf andere Weise zu vergrämen. Indem man versucht, die Zahl ihrer Beutetiere (Mäuse, Ratten) zu reduzieren oder diese durch einen entsprechenden Grasschnitt vor den Blicken ihrer Räuber zu schützen. Einige

Flughäfen sind auch dazu übergegangen, natürliche Feinde dieser Vögel am Flughafen anzusiedeln.

Einer der bekanntesten Fälle eines Vogelschlags („bird strike") der letzten Zeit war der eines Airbus A320, der nach dem Start in New York – La Guardia mit einigen Gänsen kollidierte und anschließend im Hudson notwassern musste. Ich kann mich noch an einen Vorfall erinnern, als eine B737 der Lufthansa mit dem Hinweis auf einen „bird-strike" den Start abgebrochen hatte. Als der Kollege die Besatzung fragte, wo sich die Überreste des bzw. der Vögel nun befänden, antworte der Kapitän: „Wo sind die Vögel? Im Triebwerk natürlich!"

Als uns eines Tages während des „Briefings" mitgeteilt wurde, dass sich ein Storchenpaar am Flughafen niedergelassen habe und dieses etwa drei Tage bleiben würde, kam natürlich die Frage auf, woher man das mit den drei Tagen denn so genau wisse. „Blöde Frage",

meinte ein Kollege: „Die haben einen Flugplan
aufgegeben!“

Die Kommunikation

Entgegen weitverbreiteter Meinung ist nicht Radar das wichtigste Werkzeug der Lotsen. Es sind das Funkgerät und das Telefon. Flugsicherung kann, wie eingangs erwähnt, auch ohne Radar betrieben werden. Aber ohne Kommunikation mit der fliegenden Kundschaft und der Koordination mit den benachbarten Kontrollstellen funktioniert die ganze Angelegenheit nicht. Wobei sich zu den Funksprechverbindungen in den letzten Jahren noch Datalinks gesellt haben, mit deren Hilfe viele Informationen an die Piloten übermittelt werden können. Was natürlich zu einer Reduzierung des Funkverkehrs und damit auch zu einer Entlastung der Controller führt.

Der Funkverkehr wurde für unsere zivilen und einen Teil der militärischen Kunden im VHF- und für den Rest des Militärs im UHF-Bereich durchgeführt. Wobei die Kampfflugzeuge (zumindest zu meiner Zeit) ausschließlich auf den UHF-Frequenzen mit uns kommunizierten, während die Transport- und Hubschrauberpiloten sich ganz zivil gaben und sich mit uns im VHF-Bereich unterhielten. Es gab deshalb nur sehr wenige Fälle, bei welchen sich Militärpiloten auf den UHF-Frequenzen meldeten. Weil die Kampfflugzeuge in unserem Zuständigkeitsbereich nach Sichtflugregeln flogen und sich deshalb mit uns nicht in Verbindung setzten. Nur wenn sie vom schlechten Wetter überrascht wurden, dann meldeten sie sich bei uns und baten um eine IFR-Freigabe. Und die wollten sie möglichst schnell und sofort haben. Was irgendwie zu verstehen ist, denn schließlich gehörten sie zu den etwas schnelleren Klientel. Und da oftmals nicht nur die Kampfjets mit schlechtem Wetter zu kämpfen hatten, sondern auch die normale Kundschaft, kam es schon mal vor, dass sich der Pilot eines Starfighters oder einer Phantom zum unpassendsten Zeitpunkt auf der UHF-Frequenz meldete. Nämlich dann, wenn die zivilen Piloten uns mitteilten, dass sie einer Gewitterwolke ausweichen und die ihnen zugewiesene Strecke verlassen mussten. Oder ausgerechnet dann, wenn ohnehin schon viel zu tun und die VHF-Frequenz ziemlich belegt war. Dabei war nicht auszuschließen, dass der Militärpilot dann dazwischenquatschte. Nicht aus böser Absicht, sondern weil er ganz einfach nicht mitbekommen hatte, dass sich der Controller gleichzeitig mit einem Luftfahrzeug auf der VHF-Frequenz unterhielt. Später wurden dann VHF/UHF-Koppler eingeführt, so dass die jeweiligen Piloten mitbekamen, dass auf der anderen Frequenz Funkverkehr abgewickelt wurde.

Derartige Situationen bedeuteten nicht nur für den Radarlotsen einen erhöhten Arbeitsaufwand, sondern in vermehrten Maße für den Koordinationslotsen. Denn der hatte die betreffenden Flüge mit den benachbarten Kontrollsektoren zu koordinieren. Das konnte dann wirklich in Stress ausarten und die Fälle, bei welchen der Koordinationslotse dann „unterging" waren gar nicht so selten. Wenn man dann nach einer oder zwei Stunden abgelöst wurde, dann wusste man, was man geleistet hatte.

Da es, entgegen der Überzeugung unserer Ingenieure und Techniker, keine Systeme gibt, die nie ausfallen, musste ja auch immer mit einem Funkausfall gerechnet werden. Wobei man zwischen dem Funkausfall eines Luftfahrzeugs und dem Funkausfall bei der Flugsicherung unterscheiden muss. Beides kam relativ selten vor. Doch während es für den Funkausfall eines Luftfahrzeugs genaue Regeln gibt, nach welchen sich die Piloten zu richten haben und die Controller so ziemlich genau vorhersehen können, wie sich das betreffende Flugzeug verhalten wird, ist es beim bodenseitigen Ausfall der Funkeinrichtung etwas anders. Dabei war es auf den ersten Blick recht einfach. Denn in den Kontrollräumen und auf dem Kontrollturm waren Notsende- und Empfangsanlagen eingerichtet. Das Dumme war, dass nicht ausreichend davon zur Verfügung standen. So gab es bei uns in der Anflugkontrolle damals genau einen Notsender für insgesamt drei, wenn man den Fluginformationsdienst dazu rechnet, vier Arbeitspositionen. Gewonnen hatten bei einem Ausfall sämtlicher Funkanlagen dann die Kollegen, die ihrer Arbeit in unmittelbarer Nähe dieser Einrichtung nachgingen oder die mindestens über das goldene Sportabzeichen verfügten, als erste den Notsender erreichten und jene Frequenz, die ihrer Arbeitsposition zugewiesen war, aktivieren konnten. Auf dem Tower gab es für drei Arbeitspositionen ebenfalls nur einen Notsender und – empfänger. Aber dort war die Situation nicht so problematisch, weil er dort dem wichtigsten Controller zugeordnet war.

Der Grund für die etwas sparsame Ausrüstung von Notsende- und Empfangsanlagen lag, so wurde uns erklärt, in der Physik begründet. Denn die Antennen dieser Notsender waren auf dem Dach unseres Gebäudes installiert und standen relativ dicht nebeneinander. Würden dort nun mehrere Antennen angebracht und würde über diese nun gleichzeitig gesendet, dann würden sie sich gegenseitig „blockieren". Was uns nicht unbedingt helfen würde. Irgendwie leuchtete mir diese Erklärung ein. Bis ich dann die Kontrollzentrale in Genf besuchte und feststellen musste, dass in der Schweiz offensichtlich andere physikalischen Gesetze herrschten als bei uns in Deutschland. Denn dort verfügte jeder Kontrollarbeitsplatz auch über eine Notsende- und Empfangseinrichtung! Der wahre Grund für die bessere Ausrüstung in der Schweiz dürften jedoch weniger unterschiedliche physikalische Gesetze gewesen sein, sondern schlicht und einfach, dass das Budget der Bundesanstalt für Flugsicherung (damals war die Flugsicherung ja noch eine Behörde) nicht mehr hergegeben hatte als eben nur zwei oder drei Notsender für eine Flugsicherungsstelle wie Stuttgart. Oder der Verwaltung war es schlicht und einfach zu teuer gewesen, die entsprechenden Einrichtungen nicht nur auf das Gebäude, in welchem sich die Kontrolleinrichtungen befanden, zu installieren, sondern auch auf anderen Gebäuden am Flughafen. Die eidgenössische Flugsicherung war jedoch privatrechtlich organisiert und da gab es natürlich andere Gesetze und Kriterien, zu welchen Zwecken man das Geld einsetzte.

Wesentlich öfters als ein Funkausfall kam jenes Ereignis vor, das man als „stuck mike button" bezeichnet. Wenn sich also der Mikrofonknopf irgendwie verhakte und dadurch auf der Frequenz gesendet wurde ohne dass eine Meldung abgesetzt wurde. Wenn das passierte, konnten wir dies recht schnell feststellen. Die Piloten bemerkten das jedoch oftmals erst, wenn sie erneut zum Mikrofon griffen, um eine Meldung abzusetzen oder eine Freigabe einzuholen. Auch wenn wir in diesem Fall die Gespräche im Cockpit mitbekamen und es hin und wieder recht interessant zu hören war, welche Meinung die Cockpitcrew von ihrem Flottenchef hatte oder wie sie die neue Kollegin aus der Kabine einschätzten. Wirklich hilfreich für die Kontrolle des Luftverkehrs war es jedoch nicht. Es war schlicht und einfach ein Ärgernis und eine Gefahrenquelle dazu. Ein Ärgernis auch deshalb, weil es den Fluggesellschaften bzw. den Herstellern offensichtlich zu teuer war, an den Mikrofonen oder am Frequenzwahlfenster ein kleines Birnchen anzubringen, mit welchem die Piloten erkennen konnten, dass der Sender aktiviert war. Aber dafür scheuten die Fluggesellschaften keine Mühe, ihre Passagiere mit einer modernen Kabinenausrüstung inclusive eines modernen Bordunterhaltungssystems auszurüsten. Dabei konnte so ein Birnchen eigentlich gar nicht so teuer sein. Jeder Betreiber einer Modelleisenbahn wird dies bestätigen.

Ebenso kam es vor, dass entweder der Controller und einer der Piloten bzw. zwei Piloten gleichzeitig sendeten. Meistens bekam man das schnell mit, weil sich dieser Vorgang durch einen Pfeifton bemerkbar machte und man entsprechend darauf reagieren konnte. Allerdings besteht auch die Möglichkeit, dass zwei Piloten gleichzeitig senden und der Controller nur die Meldung des einen mitbekommt. Dass dies gefährlich werden kann, zeigt ein Vorfall, der sich im Juni 2010 in Zürich ereignet hat. Da hatte der Controller einen A340 auf der Piste 16 zum Start freigegeben. Was von der Airbusbesatzung bestätigt wurde. Gleichzeitig hatte jedoch auch die Crew einer ATR-42, welche die Startfreigabe fälschlicherweise auf sich bezogen hatte, diese wiederholt und ihren Startlauf auf der kreuzenden Piste 28 begonnen. Der Controller hatte dies, aus welchen Gründen auch immer, nicht gehört. Vielleicht, weil sich die ATR-42 in einer etwas ungünstigeren Position zu der jeweiligen Funkempfangsstelle befand und sich gegenüber dem Sender des A340 nicht durchsetzen konnte. Allerdings war die Meldung der ATR-Besatzung von einem startbereiten Airbus der British Airways mitgehört worden. Sie informierte den Controller sofort, worauf dieser die ATR zum Startabbruch aufforderte – und damit eine mögliche Gefährdung oder gar eine Kollision der beiden Flugzeuge verhinderte.

Die Sprache des Luftverkehrs ist englisch. Zumindest überwiegend. Denn die internationale Luftfahrtorganisation ICAO lässt noch weitere Sprachen zu. Aber darauf soll an dieser Stelle nicht eingegangen werden. Damit in allen Teilen der Welt auch jeder jeden versteht und Missverständnisse ausgeschlossen werden können, hat die ICAO diese Sprache normiert. Die Anwendung dieser „Phraseology" (die auf deutsch vielleicht nicht ganz richtig als Sprechgruppen bezeichnet werden) ist zwingend vorgeschrieben. Dummerweise halten sich weder Piloten noch Controller immer an die vorgeschriebene Phraseology. Der Verfasser dieses „Werkes" nimmt sich da nicht aus. Das ist bedauerlich, denn in vielen Fällen, bei denen es zu einem Zwischenfall oder gar zu einem Unfall gekommen ist, spielte die mangelnde Anwendung dieser Phraseology eine Rolle. Dabei sollte nicht vergessen werden, dass eine Anweisung des Controllers oder die Meldung eines Piloten auch einmal falsch verstanden werden kann. Weshalb die Freigaben eines Controllers von den Piloten auch immer wiederholt (zurückgelesen) werden müssen und so auf ihre Richtigkeit überprüft werden können. Was in der Praxis leider nicht immer so richtig funktioniert. Nicht dass die Piloten die entsprechende Anweisung oder Freigabe nicht zurückgelesen hätten. Aber hin und wieder kam es vor, dass sie den Controller nicht richtig verstanden hatten und dann eine Anweisung wiederholten, die er eigentlich gar nicht erteilt hatte. Nun kann es sich, meistens bei hohem Verkehrsaufkommen, zwar selten, aber doch hin und wieder ereignen, dass der Controller die „falsche" Antwort eines Piloten nicht mitbekommt. Vielleicht weil wir alle Menschen sind und ganz gerne nur das hören, was wir zu hören erwarten. Dabei kann man sich leicht vorstellen, dass die Befolgung einer „falschen" Freigabe zu einer gefährlichen Situationen führen kann. Zum Beispiel, wenn eine Besatzung zum Sinkflug nach Flugfläche 220 freigegeben wurde (weil ihr ein anderes Luftfahrzeug in Flugfläche 210 entgegen kam oder sich auf einem kreuzenden Kurs befand) und sie die Sinkflugfreigabe nach Flugfläche 200 bestätigte. In einem derartigen Fall hatte das Sicherheitsnetz des „Read Backs" nicht funktioniert. Dies kam, wie bereits erwähnt, äußerst selten vor. Aber dann gab es noch ein weiteres Sicherheitsnetz. Das des daneben sitzenden Koordinationslotsen (vorausgesetzt, dieser war nicht gerade mit einem wichtigen Koordinationsgespräch beschäftigt). Ich kann mich nur an einen derartigen Fall erinnern, als ein Pilot bei einer Steigflugfreigabe eine „falsche" Höhe zurückgelesen hatte. Der Kollege hatte es nicht bemerkt. Doch sein daneben sitzender Koordinationslotse hatte es mitbekommen, so dass dieser Fehler schnell berichtigt werden konnte.

Dass die Sprache des Luftverkehrs nicht nur Englisch ist, habe ich bereits angemerkt. Denn daneben hat die ICAO auch noch französisch, spanisch, russisch und chinesisch zugelassen. Das bringt hin und wieder so ein paar Probleme mit sich und wird von vielen Seiten auch kritisiert. Berechtigterweise. Denn wenn sich die einen Piloten mit dem Controller auf englisch verständigen und anderen auf spanisch oder französisch, so können diejenigen, die lediglich der englischen Sprache mächtig sind, irgendwie den

Überblick verlieren, was da im Luftraum so neben ihnen vor sich geht. Es kann sie jedoch auch neugierig machen, wie uns einst einmal ein Jumbokapitän der KLM geschildert hatte. Der war mit seiner B747 von Los Angeles nach Amsterdam unterwegs. Einige Minuten hinter ihnen befand sich ein Flugzeug der Air France, deren Besatzung eigentlich nicht besonders auffiel. Abgesehen davon, dass bei der Durchführung des Sprechfunkverkehrs der französische Akzent unüberhörbar war. Aufgefallen sind die Franzosen der KLM-Crew erst über Kanada. Denn dort können die Piloten sich mit den Controllern auch auf französisch unterhalten. Was die Air France – Besatzung denn auch tat. Auffällig für die Holländer war dabei das Rufzeichen, das die Franzosen benutzten: „Air France Quatre Olala!" Für die kanadischen Lotsen stellte dieses „Quatre Olala" kein Problem dar. Sie nutzen dieses Rufzeichen ebenfalls und parlierten mit dem Air France – Flug auf französisch. Nicht nur ein Controller, sondern alle. Quer durch den kanadischen Luftraum. So waren die KLM-Piloten gespannt, wie sich die Air France – Besatzung bei den britischen oder irischen Controller melden würden. Als sie sich im Morgengrauen dem europäischen Kontinent näherten und mit den britischen respektive den irischen Controllern schon in Verbindung standen, warteten sie gespannt auf ihre Kollegen des Air France – Flugs. Die sich dann auch nach ein Minuten meldeten: „Good Morning Radar, this is Air France Four Six Niner!“. Nun wussten sie, was „Olala“ bedeutete.

Bleibt noch übrig, ein paar Worte über die Rufzeichen zu verlieren. Für die fliegende Kundschaft gibt es mehrere Möglichkeiten, ein solches zu bilden. Die einfachste besteht in der Übernahme der Flugzeugkennung. So wird dann aus D-EINT ganz einfach DEINT und aus D-CCDB eben DCCDB. Meist sind es Flüge der Allgemeinen Luftfahrt, die sich dieser Möglichkeit bedienen. Oft bleibt ihnen auch gar nichts anderes übrig, weil sie meist in Privatbesitz sind oder der Firma, für welche sie eingesetzt werden, keine entsprechende Kennung zugewiesen wurde. Natürlich gibt es dabei auch Kombinationen, die sich dann nicht so besonders glücklich erweisen. So gab es zu meiner Zeit eine Cessna mit dem Kennzeichen D-EATH.....

In diesem Zusammenhang sollte noch darauf hingewiesen werden, dass auch in der Luftfahrt ein paar findige Menschen auf die Idee gekommen sind, ihr Fluggerät auszuflaggen. Es also in das Register eines ausländischen Staates eintragen zu lassen. Die Gründe hierfür sind vielfältig. Vielleicht weil es da weniger Steuern verlangt werden als in der Bundesrepublik Deutschland. Und so ergab sich eines Tages eine Episode, über die berichtet werden sollte. Da rollte eine Boeing 737 der Lufthansa hinter einer Cessna Citation (einem zweistrahligen Geschäftsreiseflugzeug) zum Start. Interessanterweise trug diese Citation ein Kennzeichen, das mit „VP" begann und deshalb zu der Spezies der ausgeflaggten Luftfahzeuge gezählt werden konnte. Davon durfte man ausgehen, da die beiden Piloten akzentfreies Deutsch sprachen. Nun interesssierten sich die Lufthansapiloten nach dem Herkunftsland der Citation und fragtgen den Groundcontroller: „Wo kommt denn die Citation her? Victor Papa – was ist das denn für ein Land?"

„Ich glaube, das ist Cayman Islands", anwortete der Controller.

„Wo liegt das denn?"

Noch bevor der Controller antworten konnte, meldete sich der Citation-Pilot und meinte in seinem urschwäbischen Dialekt: „Des liegt glei hender Burladinga". Auf deutsch: „Das liegt gleicht hinter Burladingen". Burladingen ist eine Kleinstadt auf der Schwäbischen Alb.

Fluggesellschaften oder bestimmte Organisationen wie das DLR, die Bundespolizei oder die Rettungsflugwacht benutzen eine bestimmte Buchstabenkombination. So verwenden zum Beispiel die Lufthansa die Kennung DLH, Delta Air Lines DAL und British Airways BAW, wobei diese Bezeichnungen dann mit der jeweiligen Flugnummer oder mit einer anderen Buchstaben/Zahlenkombination ergänzt werden. So wurde DLH166 eben mit LUFTHANSA ONE SIX SIX angesprochen und CFG288 mit CONDOR TWO EIGHT EIGHT. Allerdings gebrauchten einige Fluggesellschaften Funkrufzeichen, die nicht auf den ersten Blick mit ihnen in Verbindung gebracht werden konnten. So nutzte die legendäre und inzwischen in die Annalen der Luftfahrtgeschichte eingegange PAN AM (PAN AMERICAN AIRWAYS) das Rufzeichen CLIPPER. Die Fluggesellschaft taufte ihre Flugzeuge auch entsprechend. „Clipper Tradewind" konnte man auf dem Rumpf einer B707 lesen, „Clipper Empress of the Skies" auf einem Jumbo und die im Deutschlandverkehr eingesetzten B737 waren auf die Namen von Berliner Stadtteilen getauft worden. Eine dieser Maschinen war sogar mit dem Namen „Clipper Spreeathen" versehen worden.

PAN AM war bei den Rufzeichen nicht die einzige Ausnahme. „British Airways" benutzt das Rufzeichen SPEEDBIRD (und ihr inzwischen nicht mehr existierender deutscher Ableger Deutsche BA SPEEDWAY), die in Taiwan beheimatete China Airlines gibt sich als DYNASTY zu erkennen, South African Airways (SAA) nennt sich SPRINGBOK und US Airways nutzt das Rufzeichen CACTUS. Das stammt noch von America West, die 2005 die Fluggesellschaft übernommen hatte und in Arizona zuhause ist. Da bietet sich CACTUS geradezu an. Was für die Großen gilt, trifft natürlich auch auf die Kleinen zu. So melden sich die Piloten der baden-württembergischen Polizeihubschrauberstaffel mit dem Rufzeichen BUSSARD (gefolgt von einer Zahl). Und dann gab es in den USA noch Rosenbalm Aviation, die als ROSIE unterwegs war. Bei uns wäre dieses Rufzeichen wohl nicht so besonders gut angekommen. Hatten wir doch einen etwas korpulenten und nicht besonders beliebten Wachleiter, der unter anderem auch als „Rosi" bezeichnet wurde. Glücklicherweise kam nie ein Flugzeug der Rosenbalm Aviation nach Stuttgart. Obwohl dies durchaus möglich gewesen wäre. Betrieb die Gesellschaft doch einige Exemplare von DC-8 – Frachtern.

Durch diese Rufzeichen wissen die Controller sofort, um welche Art der Klientel es sich hierbei handelt. Manchmal tauchen dann neue Fluggesellschaften auf und die Controller müssen sich erst mal an die neuen Abkürzungen gewöhnen. In den achtziger Jahren schien es dabei in den Türkei zu einer Art Volkssport geworden zu sein, neue Fluggesellschaften zu gründen. Wenn die dann zum ersten Mal mit ihrer exotischen Buchstabenkombination und dem entsprechenden Rufzeichen bei uns auftauchten, dann meinten wir lapidar: „Brauchen wir uns nicht zu merken. Die fliegen eh nur ein Jahr!"

Besonders erfinderisch scheint das Militär bei der Kreation von Rufzeichen zu sein. Auf der einen Seite wird analog zur zivilen Luftfahrt die Kennung des Luftfahrzeugs genommen und so wird dann aus 50+13 eben GAF 5013 (German Air Force Five Zero One Three). Oder bei den amerikanischen Heeresfliegern wird dann aus 71-7772 R17772 (Army One Triple

Seven Two). Oftmals wird den einzelnen Staffeln eine bestimmte Bezeichnung zugeordnet, der dann ein bestimmter Buchstabe oder Zahlkombination angehängt wird. Insider können dann aufgrund dieser Bezeichnung auf den Auftrag oder auf den jeweiligen Piloten schließen. Die Flüge nannten sich dann TIGER O, CLUE 13 oder MULL 25. Als ich einmal als FIS-Lotse eingeteilt war, meldete sich SATAN ONE ONE bei mir. In Erwartung, nun einen ganz heißen Ofen auf der Frequenz zu haben, fragte ich den Piloten nach seinem Luftfahrzeugmuster. Die Antwort war enttäuschend – es war ein UH-1 – Hubschrauber. Und ich erinnere mich an eine DO28 der Luftwaffe, die mit dem Rufzeichen MILKMAN durch die Gegend flog. Gerne hätte ich gewusst, ob der Pilot so hieß oder ob er wirklich zum Milch holen unterwegs war. Wer weiß, vielleicht war dieser Flug auch im Auftrag des Offizierskasinos unterwegs und MILCH war nur eine Umschreibung für hochprozentige Getränke? Tarnen und täuschen lernt man beim Militär ja bekanntlich schon während der Grundausbildung.

Ziemlich regelmäßig setzte die Luftwaffe zwei Transall zu bestimmten Flügen ein, die nahezu mit der Routine eines Linienflugs verkehrten. Die eine Maschine flog von Landsberg über Stuttgart und Köln zu einem Fliegerhorst in Schleswig-Holstein, dessen Namen ich vergessen habe. Die andere Maschine war in der Gegenrichtung unterwegs. Irgendwann kam die Luftwaffe auf die glorreiche Idee, diesen beiden Flügen ein Rufzeichen zu verpassen, das ihrem Auftrag entsprach. Sie lauteten LUFTTRANSPORT 1 und LUFTTRANSPORT 2. Und da das Wort LUFTTRANSPORT zu lang war, um den Kriterien eines Flugplans zu entsprechen und dies bei uns auch nicht auf die Kontrollstreifen passte, wurde als Rufzeichen LUTRAN 1 und LUTRAN 2 verwendet. Wir machten uns einen Spaß daraus und riefen sie mit TRUTHAHN 1 bzw. TRUTHAHN 2. Dass dies den Piloten nicht so richtig gefiel, konnten wir uns gut vorstellen und so entwickelt sich eines Tages folgender Dialog:

„Stuttgart Radar, LUTRAN ONE, passing AALEN, flight level 80!“

„TRUTHAHN ONE, roger, squawk 4713“

„4713 is coming down. And be advised my callsign is LUTRAN ONE!“

„TRUTHAHN ONE, roger!“

Das war der letzte Tag, an welchem das Rufzeichen LUTRAN ONE bzw. LUTRAN TWO verwendet wurde. Ab der nächsten Woche flogen sie wieder als „GERMAN AIR FORCE“ durch die Gegend.

Dass Rufzeichen natürlich auch ihre Tücken haben, sollte nicht verschwiegen werden. Besonders wenn sich Luftfahrzeuge mit ähnlichen Zahlenkombinationen auf der Frequenz befinden. Wenn man also LUFTHANSA THREE SIX NINER, BALKAN

SIX TREE NINER und HAPAG NINER SIX THREE zu kontrollieren hat. Da kann es bei höherem Verkehrsaufkommen schnell zu einem Zahlendreher kommen und eine bestimmte Anweisung dann an den „falschen" Flieger erteilt werden. Oder eine Freigabe schon an den richtigen adressiert, vom „falschen" jedoch ausgeführt wird. Dies wird als „Callsign Confusion" bezeichnet und da sich alle dieser Gefahr bewusst sind, sind einige Fluggesellschaften wie zum Beispiel die Lufthansa dazu über gegangen, bei der Gestaltung des Rufzeichens nicht mehr die Flugnummer, sondern eine andere, weniger vorkommende Kombination zu verwenden.

Natürlich haben die Kontrollstellen der Flugsicherung ihre Rufzeichen. Sie setzen sich aus dem Ort, an welchem sie tätig bzw. für den sie zuständig sind und dem Dienst, den sie durchführen, zusammen. So gibt es TOWER, GROUND, CLEARANCE DELIVERY, INFORMATION oder schlicht und einfach RADAR. Nur der DIRECTOR macht da eine Ausnahme. Damit wird jener Lotse bezeichnet, der für die Erstellung der Endanflugreihenfolge zuständig ist. Bei der Ortsbezeichnung gibt es in Deutschland eine Ausnahme. Sie nennt sich RHEIN und bezeichnete die Kontrollzentrale für den Oberen Luftraum in Karlsruhe.

Bleibt noch von einem Vorfall zu berichten, der sich in den USA ereignet haben soll. Dort wird einer der Flughäfen Washingtons als „Ronald Reagan National Airport" bezeichnet. Nun hat Ronald Reagan als Präsident der Vereinigen Staaten im August 1981 fast 12 000 Fluglotsen (genau waren es 11 345) schlicht und einfach gefeuert, weil deren Berufsorganisation PATCO sich zu streiken erlaubt hatte. Weshalb Ronald Reagan bei den amerikanischen Controllern sich nicht gerade des besten Rufs erfreut. Auch bei jenen nicht, die damals noch gar nicht geboren waren. Als sich eines Tages eine Cessna Citation im Anflug auf diesen Flughafen befand und die Besatzung den Towercontroller mit „Reagan Tower" ansprach, antwortete dieser: „If You stop calling me Reagan Tower I´ll stop calling You a twin cessna!“

Ebenso wichtig wie der Funkkontakt zu den von uns kontrollierten Luftfahrzeugen waren die Telefonverbindungen zu den benachbarten Kontrollstellen bzw. zwischen den betroffenen Kontrollsektoren derselben Kontrollstelle sowie zwischen der Anflug- und Platzkontrollstelle (so nennt man den Tower offiziell). Auch für die Koordinationsgespräche war eine bestimmte Phraseology vorgeschrieben und die Koordinationsgespräche mussten auf englisch geführt werden. Auch zwischen zwei deutschen Koordinationslotsen.

An den Arbeitsplätzen der Koordinationslotsen waren direkte Telefonverbindungen zu jenen Partnern eingerichtet, mit welchen man normalerweise zusammenarbeitete (zwischen bestimmten Arbeitsplätzen gab es auch noch Gegensprechanlagen). So konnte man seine Partner schnell und sicher erreichen. Doch wenn man einen Partner haben wollte, mit welchem man nicht direkt zusammenarbeitete, dann musste man sich zu Beginn meiner „Karriere" verbinden lassen. Das war recht aufwendig und das Verfahren erinnerte irgendwie an die kaiserliche Nachrichtentruppe während des Ersten Weltkriegs. Später wurde dann ein System eingeführt, das sich AWF nannte. Es stand für Automatische Wählvermittlung und so konnte man zumindest jeden Controller und Flugdatenbearbeiter in Deutschland und im benachbarten Ausland durch Eingabe einer Telefonnummer erreichen.

Sowohl der Funksprechverkehr als auch die Telefongespräche werden aufgezeichnet. Das hört sich im ersten Moment wie „Big Brother" an und vielleicht gab und gibt es ja auch den einen oder anderen Vorgesetzten, die diese Aufzeichnungen gerne als Disziplinierungsinstrument benutzt hätte. Besonders bei etwas „aufmüpfigen" Kollegen. Aber da hatte die Personalvertretung etwas dagegen. Tonbänder durften nur abgehört werden, wenn der Personal- bzw. der Betriebsrat dem zugestimmt hatte. Auf der anderen Seite dienten diese Aufzeichnungen zu unserer Sicherheit. Denn wenn es darum ging, den Hergang eines Vor- oder Zwischenfalls zu untersuchen, dann konnte man genau feststellen, wer wann, was und zu wem gesagt hatte. Wenn dann ein Pilot eine Aussage tätigte, die jener des Controllers widersprach, dann konnte mit Hilfe der Tonbandaufzeichnung die Sache richtig gestellt werden. Und der Controller (und natürlich auch der Pilot) entlastet werden. Auch ich habe hin und wieder davon profitiert. So als mir an einem Sonntag Nachmittag bei sehr hohem Verkehrsaufkommen ein VFR-Flug „aus dem Queranflug" gefallen war. Dem Piloten war schlicht und einfach der Sprit ausgegangen und er musste dann auf einem Acker landen. Da ich ihn etwas länger nördlich des Towers halten ließ, erklärte er später, er hätte sowohl meinen Kollegen, der den Flug vor mir bearbeitet hatte, als auch mich über seine prekäre Treibstoffsituation informiert.

Auf den Tonbändern war davon jedoch nichts zu hören.

Dummerweise konnte man im Zuge einer Untersuchung auch feststellen, ob sich die Controller und Piloten an die von der ICAO vorgeschriebene Terminologie gehalten haben. Dabei gab es bei der Abwicklung des Funksprechverkehrs nicht besonders viel zu beanstanden. Bei der Abwicklung der Koordinationsgespräche dann schon. Aussagen wie „der Spaghetti geht nach dreizehn, kannst ihn dann anfassen und weiter nehmen" oder „Lass den Limey den Amber Niner weiterfahren und nimm ihn nach Neunzig", dann entsprach das ganz bestimmt nicht den vorgeschriebenen Koordinationsverfahren. „Alitalia 434 is descending to flightlevel 130 and he is realeased for radar vectors und further descent" und „let Speedbird 961 proceed Amber Nine southbound and descent him to flight level 90" wären wohl die korrekten Versionen gewesen. Das war dann peinlich.

Aber so stand es dann – ganz offiziell beglaubigt - in der Tonbandumschrift.

Die Sache mit dem Radar

Zunächst einmal muss zwischen zwei unterschiedlichen Typen des Radars unterschieden werden – dem Primärradar (PR – Primary Radar bzw. PSR – Primary Surveillance Radar) und dem Sekundärradar (SSR – Secondary Surveillance Radar). Daraus sollte jedoch nicht geschlossen werden, dass SSR bei der Flugsicherung eine sekundäre, eine Nebenrolle einnehmen würde. Vielmehr ist das Gegenteil richtig. Doch darauf soll noch später eingegangen werden.

Das Primärradar ist die ältere Erfindung. Es war als erstes da und deshalb kommt ihm wohl auch die Bezeichnung des Primärradars zu. Und es arbeitet genau nach dem Prinzip, für welches der Begriff RADAR einst einmal erfunden wurde. Er steht nämlich für „**RA**dio **D**etecting **A**nd **R**anging". Das Prinzip ist recht einfach. Ein ausgesendetes Funksignal trifft auf einen Gegenstand, wird von diesem reflektiert und zur Antenne zurückgeleitet. Aufgrund der Laufzeit ist es dann recht einfach, die Entfernung zu diesem Gegenstand, in diesem Fall das Ziel eines Flugzeugs, zu bestimmen. Dummerweise wird die ausgesendete elektromagnetische Energie (das Funksignal) nicht nur von Flugzeugen reflektiert, sondern von allen anderen Gegenständen auch. Also von Gebäuden und anderen Erhebungen. Die wollten wir natürlich nicht sehen. Aber da diese sich ja nicht bewegen, war die Laufzeit des Funksignals von der Antenne zu dem besagten Gegenstand immer gleich und konnte deshalb unterdrückt werden. Der Fachbegriff dafür lautet Festzielunterdrückung. Was wir also auf unserem Radarschirm sahen, waren also bewegliche Ziele. Und so sahen wir in der Nähe des Flughafens auch die Autos auf der Autobahn A8, die in unmittelbarer Nähe des Flughafens vorbeiführt. Wenn wir dort nichts sahen, dann war dort ein Stau. In beiden Richtungen.

Was war jedoch auch sahen, waren große Wolkenformationen und insbesondere Niederschlagsgebiete. Denn die bewegten sich ja ebenfalls und wurden vom Radar aufgezeichnet. Das war uns jedoch nicht so recht, denn innerhalb der Wolken- bzw. Regenechos konnten wir die Flugziele auf den früheren analogen Radarkonsolen nicht mehr sehen. Es bestand allerdings die Möglichkeit, die Intensität der Regenechos mit Hilfe der so genannten Polarisation zu verringern. Dummerweise wurde dabei jedoch auch die Intensität der Flugziele herabgesetzt. Deshalb war es gar nicht so einfach, bei der Polarisation den richtigen Pegel zu finden, so dass die Regenechos reduziert und die Flugziele noch einigermaßen zu erkennen waren. Zudem hatte die Polarisation noch einen weiteren Nachteil. Denn die Regenwolke bzw. das Niederschlagsgebiet wurde dann nicht mehr so richtig auf unseren Schirmen dargestellt. Und da es sich dabei auch um eine Gewitterwolke handeln konnte, konnten wir dem Wunsch so einiger Piloten, sie um die Gewitterwolke herumzuführen, nicht mehr oder nur unzureichend entsprechen. Zwar hatten Boeing und Co. ein Wetterradar an Bord, das auf diesem Gebiet viel bessere

Ergebnisse lieferte als unser Flugsicherungsradar. Aber es gab ja nicht nur Verkehrsflugzeuge.

Eine andere Möglichkeit bestand jedoch darin, die Flugzeuge einfach in das Regengebiet einfliegen zu lassen und darauf zu warten, bis sie auf der anderen Seite wieder rauskamen. Was natürlich hin und wieder zu Überraschungen führen konnte. So kann ich mich an einen Fall erinnern, als eine B737 und eine DC-9 in einem Abstand von fünf Seemeilen in eine Regenwolke einflogen. Die B737 war dabei vorne dran. Und als die beiden wieder aus der Wolke ´rauskamen, war die DC-9 etwa zwei Meilen vor der B737. Glücklicherweise hatte der Kollege die beiden Flugzeuge höhenmäßig mit 1 000 Fuß gestaffelt.

Nun wurden vom Primärradar eben alle Flugzeuge erfasst. Nicht nur diejenigen, die von uns kontrolliert wurden, sondern auch jene, die in großen Höhen oberhalb unseres Zuständigkeitsbereichs flogen, nach

Sichtflugregeln unterwegs waren oder sich gar im unkontrollierten Luftraum, also in sehr niedrigen Höhen bewegten. Also uns eigentlich gar nicht interessierten. Deshalb war es wichtig, die von uns kontrollierten zu identifizieren. Also herauszubekommen, welches Flugziel zu welchem Flug gehörte. Und danach musste man sich die einmal identifizierten Flüge merken und durfte sie nicht mehr mit anderen verwechseln. Dazu hatten wir einen ziemlich altmodischen „personal computer" – unser Gehirn. Oder zumindest unser Kurzzeitgedächtnis.

Es gab drei verschiedene Verfahren, Flugziele mit Primärradar zu identifizieren. Die erste bestand in einem „Radar Hand-Off". Das bedeutete, dass der übergebende Koordinationslotse in Frankfurt, München oder Zürich uns anrief und uns die genaue Position des jeweiligen Fluges mitteilte. Die zweite Methode wurde mit Hilfe des Funkpeilers umgesetzt. Wenn nämlich der Peilstrahl, der auf dem Radarschirm eingeblendet werden konnte, bei der

Funkkontaktaufnahme durch das Ziel des betreffenden Fluges ging und er kein anderes Ziel traf, dann konnte man davon ausgehen, dass es sich dabei nun um das betreffende Luftfahrzeug handelte. Bei der dritten Möglichkeit, einen Flug zu identifizieren, wurde die Besatzung aufgefordert, einen Kurswechsel vorzunehmen. Konnte man diesen Kurswechsel bei einem bestimmten Radarziel beobachten, so konnte man sicher gehen, dass es sich bei diesem um den jeweiligen Flug handelte. „Turn left, turn right, identified!" Das Radarziel war also als DLH (LH) 941, KLM (KL) 107 oder DIKAF identifiziert. Das war aufwändig und führte auch nicht immer zu dem gewünschten Ergebnis. Es gab wohl keinen Kollegen bzw. keine Kollegin, dem bzw. der nie eine „Misidentification" unterlaufen wäre. Ich kann mich noch an eine von mir ganz gut erinnern. Ich hatte ein „falsches" Radarziel dem Flug einer BAC 1-11 der nicht mehr existierenden Germanair zugeordnet. Dass ich einer „Misidentification" aufgesessen war, stellte ich fest, dass das von mir dem Germanair-Flug zugeordnete Ziel einfach nicht meiner Steuerkursanweisung folgen wollte. Das richtige Ziel befand sich ein paar Seemeilen nördlich davon und bewegte sich in einer zu niedrigen Höhe auf die östlichen Ausläufer des Schwarzwalds zu. Es war mir ziemlich peinlich und ich entschuldigte mich bei der Besatzung. „Ach, wir haben das schon gemerkt", meinte diese. „Aber die Sicht ist ja sehr gut und wir hätten uns schon noch gemeldet. Aber die haben ganz nette Häuser hier im Schwarzwald!"

Bei analoger Radardarstellung ergab sich ein weiterer Nachteil. Die Radarziele waren nur als mehr oder weniger großer Strich zu sehen. Informationen über ihre Geschwindigkeit oder, was noch viel wichtiger war, über ihre Flughöhe, wurden uns nicht angezeigt. Fragen nach der augenblicklichen Flughöhe oder die Aufforderung, das Durchfliegen einer bestimmten bzw. das Erreichen der freigegeben Flughöhe gehörten deshalb zum täglichen Geschäft.

Während die Rolle des Flugzeugs beim Primärradar als eine passive bezeichnen kann, ist dies beim Sekundärradar etwas anderes. Denn da muss das Flugzeug mitarbeiten. Oder genauer, der Transponder an Bord des Flugzeugs. Dabei sendet die Bodenstation auf einer bestimmten Frequenz (1030 Mhz) ein Abfragesignal aus, auf welches der Transponder auf eincr anderen Frequenz (1090 Mhz) antwortet. Dieses Systen wurde von den Briten bereits während des Zweiten Weltkriegs als IFF (Identification Friend Foe) erfunden, weil sie gerne wissen wollten, welches Ziel nun ein eigenes und welches ein gegnerisches war. Um nun Flugziele damit identifizieren zu können, werden die Piloten angewiesen, einen bestimmten Code auf ihrem Transponder einzustellen. Wenn der Transponder dann auf die Anfrage des Radar anwortete, dann konnten wir dies auf unserem Radar feststellen. Zu Zeiten analoger Radaranlagen und –darstellungssystemen geschah dies, indem das Radarziel verstärkt wurde bzw. sich hinter dem Primärziel ein weiteres Symbol bildete. Es sah aus wie ein verkleinerter Gartenzaun. Mit anderen Worten: „Turn left, turn right, identified" war nicht mehr erforderlich. Der Vollständigkeit halber sollte noch erwähnt werden, dass sich die Piloten durch weltweit festgeschriebene SSR-Codes auf bestimmte Situationen aufmerksam machen konnten. Für Entführungen war der Code 7500, für Funkausfall 7600 und für Notfälle 7700 festgelegt worden. Hatte nun ein Pilot einen dieser Codes geschaltet (was manchmal bei Einstellen des übermittelten Transpondercodes aus Versehen geschehen konnte), dann wurde das zusätzliche Signal noch einmal stärker dargestellt. Der Gartenzaun wurde ausgefüllt und war dann als Balken zu sehen.

Allerdings konnten wir zu analogen Zeiten die Vorteile des Sekundärradar nicht, oder um es genauer zu sagen, nur auf Umwegen nutzen. Denn der Vorteil des Sekundärradars war, dass es in unterschiedlichen Modi arbeitete. Für uns Zivilisten waren der Mode A und der Mode C von Bedeutung, für unsere militärischen Kollegen waren die unterschiedlichen Modi mit Zahlen beschrieben. Was für uns der Mode A war, wurde beim Militär als Mode 3 bezeichnet. Dazu kam, dass wir einige Modi der Streitkräfte nicht auslesen konnten (zum Beispiel der Mode 4). Von Interesse war jedoch, dass über den Mode C Höheninformationen vom Flugzeug an das Radarsystem übermittelt wurden. Um diese zu erhalten, sollten die Piloten eigentlich aufgefordert werden, ihren Transponder auf Mode A und C zu schalten. „Squawk Alfa Charlie 4711". Kein Controller hat dies getan, sondern lediglich den SSR-Code übermittelt („Squawk 4711"). Die Flughöhe wurde dann automatisch mitgeliefert und ich bin mir nicht sicher, ob es überhaupt Transponder gegeben hatte, die keinen Mode C abstrahlen konnten. Transponder für Sozialhilfeempfänger vielleicht! Dummerweise konnte die abgestrahlte Flughöhe auf den analogen Radarschirmen nicht dargestellt werden. Sie konnte nur auf einem Zusatzgerät abgelesen werden, das sich oberhalb der Radarkonsole befand. Weshalb wir das uns bekannte Spielchen, die Piloten des öfteren nach ihrer Höhe zu fragen, erst einmal weiterbetrieben.

Das änderte sich mit der Einführung der digitalen Radartechnik. Denn nun konnten die Informationen, die über den Transponder abgestrahlt wurden, direkt auf dem Radarschirm dargestellt werden. Zudem war es möglich, über den Transpondercode einem Radarziel auch das betreffende Rufzeichen zuzuorden (entweder durch eine manuelle Eingabe oder durch eine Koppelung mit dem Flugplanverarbeitungssystem) und dieses direkt an das Radarziel zu „kleben". Man nannte dies dann ein Flugzieletikett oder wie wir es ausdrückten, ein „Label". Und da die Flughöhe ja über den Mode C übermittelt wurde, konnte auch diese in diesem „Label" dargestellt werden. Wenn die vom Piloten einmal per Funk übermittelte Höhe nicht mehr als 300 Fuß von der im Flugzieletikett angezeigten Höhe abwich, dann konnten wir diese Höhenangabe zur Vertikalstaffelung verwenden. Zusätzlich wurde uns noch die

Geschwindigkeit des Flugziels angezeigt. Allerdings handelte es sich hierbei nicht um eine vom Flugzeug übermittelte Geschwindigkeit, sondern um die vom Radarsystem errechnete über Grund. Zusätzlich war noch die Darstellung von weiteren Informationen möglich. Zum Beispiel, ob sich das Flugziel im Sink- oder im Steigflug befand. Die Kollegen von „Rhein Radar" nutzen übrigens das wesentlich bessere KARLDAP (Karlsruhe Radar Data Processing) – System von Eurocontrol und waren uns auf diesem Gebiet um Jahre voraus.

Ältere Kollegen bitte ich um Nachsicht, wenn ich DERD-MC als unser erstes digitales Radarsystem bezeichne. Ich weiß, es gab zuvor noch DERD-I. Wobei I als römische Eins gelesen werden muss; es war so etwas wie der Prototyp des bundesdeutschen digitalen Radarsystems. Aber in Stuttgart begann das digitale Zeitalter eben erst mit DERD-MC. Nach der Einführung des Systems musste man allerdings feststellen, dass die Radarplots dieses DERD-MC – Systems nicht so exakt dargestellt wurden wie dies bei den analogen Systemen der Fall gewesen war. So mussten mit der Einführung von DERD-MC die Staffelungswerte erst einmal erhöht werden. Der Fortschritt lässt sich bekanntlich nicht aufhalten.....

Bei digitalen Radarsystemen muss einmal zwischen „Plotting-„ und zwischen „Tracking-Systemen" unterschieden werden. Während beim ersteren lediglich der „Radarplot", also die Position den Flugziels dargestellt wird, hat ein „Trackingsystem" erhebliche Vorteile. Denn dies zeigt den Controllern die (geglättete) Flugspur des Radarziels und ist in der Lage, diese Flugspur im Voraus zu errechnen und bei Bedarf auch darzustellen. Vorausgesetzt, das Flugzeug nimmt keine Kursänderung vor. DERD-MC soll übrigens einen ganz guten „Tracker" gehabt haben. Allerdings kam er nicht zu Einsatz. Aus welchen Gründen auch immer. So richtig verstehen konnten wir dies eigentlich nicht; vielleicht haben die Entwicklungsingenieure der BFS dieses Geheimnis mit ins Grab genommen.

Die Vorteile von Tracking-Systemen, nämlich die Flugspur von Flugzeugen in die Zukunft weiterzurechnen und so auf eventuelle Konflikte hinzuweisen, war für uns im Bereich der Anflugkontrolle nicht von Interesse, da sich die Kurse der Flugzicle wegen der Radarführung relativ oft änderten. Für unsere Kollegen in der Bezirkskontrolle war diese Funktion durchaus nützlich. Denn damit konnten sie die in die Zukunft errechneten Tracks von zwei Flugzielen miteinander vergleichen und so feststellen, ob zwischen diesen beiden Flügen ein Konflikt entstehen konnte. Denkt man diese Möglichkeit weiter, so kommt man zu einem System, das den Controller automatisch auf Konflikte zwischen zwei Flügen hinweisen kann. Diese Funktion wird als „Short Term Conflict Alert (STCA)" bezeichnet und ist somit so etwas wie das TCAS (Traffic Alert and Collision Avoidance System) für die Controller. Das Problem dabei ist der zeitliche Vorlauf, mit welchem ein

Konflikt dargestellt wird. Wird der Controller zu früh vor einer möglichen Flugzeugannäherung gewarnt, dann besteht die Gefahr, dass zuviele STCA-Alarmmeldungen generiert werden. Auch über mögliche Konflikte, die durch entsprechende Freigaben bereits entschärft worden sind. Was dann dazu führen kann, dass die Controller diese Alarmmeldungen nicht mehr ernst nehmen. Und dann könnte ja wirklich eine darunter sein, die vor einer ernsthaften Flugzeugannäherung warnt. Wird die „Vorwarnzeit" jedoch zu kurz gewählt, dann könnte es bei der Generierung des Alarms zu spät sein, um den Konflikt zu lösen.

Da bei der Flugsicherung alles aufgezeichnet wird, trifft dies natürlich auch auf die von STCA generierten Warnmeldungen zu. Auch damit würde sich natürlich für die Chefs eine gute Möglichkeit bieten, die Arbeit ihrer Controller zu überprüfen. Wodurch STCA von einer sinnvollen Hilfe für die Lotsen zu einer Disziplinierungsmethode werden könnte. Dabei möchte ich unseren Betriebsleitern nicht unterstellen, dass sie jemals auf eine derartige Idee gekommen sind bzw. gekommen wären. Schließlich waren sie (fast) alle auch einmal als Controller tätig gewesen und sie hatten nicht vergessen, dass man recht schnell zu einer „Confliction" kommen kann. Wie die Jungfrau zum Kind, gewissermaßen. Außerdem war da ja auch noch der Betriebsrat, der da wohl nicht mitgesspielt hätte.

In anderen Teilen der Welt mag dies anders sein. Zum Beispiel in den USA. Ich kann mich noch an einen Besuch in der Bezirkszentrale (ARTCC – Air Route Traffic Control Center) von Boston erinnern. Das wichtigste und modernste System war offensichtlich ein Gerät, mit welchem nicht nur drohende Flugzeugannäherungen, sondern auch Staffelungsunterschreitungen dokumentiert wurden. Es war sinnvollerweise direkt am Arbeitsplatz des Wachleiters installiert worden und verfügte über einen Drucker, so dass der Hergang eines entsprechenden „Events" gleich schwarz auf weiß dokumentiert werden konnte. Und wer weiß, auch gleich zur Personalakte genommen wurde? Ich hatte mich zum Kontrollsektor eines Kollegen gesellt, der etwa so alt war wie ich und nahezu ebenso lange wie ich als Controller arbeitete. Bei Ronald Reagans großer Säuberungsaktion war er irgendwie übersehen worden. Er war Mitglied der PATCO gewesen und hatte sich am Streik beteiligt. Vielleicht, so meinte er, hatte die Verwaltung seine Personalakte verlegt. Der Kollege überwachte eine junge Dame, die sich noch in der Ausbildung befand. Ihre Aufgabe bestand darin, eine von einem kleineren Flughafen gestartete DC-9 von Nord nach Süd durch den Strom des aus Westen in Richtung Boston fliegenden „Inbound-Rushs" zu „climben" Das ging eigentlich nur mit einem stufenweisen Steigflug. Leider klappte das irgendwann nicht mehr mit dem vorgeschriebenen Staffelungswert und auf der Radarkonsole wurde der Konflikt zwischen der DC-9 und einem anderen Flugziel dargestellt. „Well, young lady", meinte der Kollege, „we will have a nice little interview with our supervisor!"

Bei der digitalen Radardarstellung war es möglich, nicht nur die Radardaten von einer Antenne, sondern von mehreren Anlagen zu verwenden. Das war ganz sinnvoll, denn so konnte man für bestimmte Bereiche eine bevorzugte Radaranlage definieren und die anderen gewissermaßen als „Back-Up“. Das hatte natürlich den Vorteil, dass wir bei unseren Planungen einem Radarausfall nicht mehr zu berücksichtigen hatten. Die BFS hatte das damals auch in den Vorschriften festgehalten. Was bei den Kollegen natürlich zu entsprechenden Kommentaren führte: „Die BFS hat Radarausfälle per Anweisung untersagt!“ Hatte sie natürlich nicht. Sondern nur erklärt, dass wir einen Radarausfall bei unseren Planungen und den von uns erteilten Freigaben nicht mehr berücksichtigen mussten.

Natürlich wurde die Radaranlage, welche die beste Zielerfassung für einen bestimmten Bereich lieferte, als „preferred radar antenna“ ausgewählt. Damit konnten wir auch Flugziele in niedrigen Höhen verfolgen, die wir mit unserer ASR (Aerodrome Surveillance Radar) - Anlage nicht mehr sehen konnten. Denn Radar kann bekanntlich weder um die Ecke noch hinter die Berge schauen. So verschwanden auf unserem ASR Radarziele, die zum Beispiel in Baden-Oos landen wollten, sobald sie in das Rheintal einflogen und hinter den Hügeln des Schwarzwalds verschwanden. Nachdem wir jedoch eine Antenne, die sich im Pfälzer Wald befand (und auch als solche bezeichnet wurde) nutzen konnten, waren wir in der Lage, ins Rheintal hineinzuschauen und diese Flugziele wesentlich länger zu verfolgen als bisher. Besonders bei „marginalem" Wetter war dies sinnvoll. Denn auf der einen Seite mussten wir die Flugzeuge in kontrollierten Luftraum halten und auf der anderen wollten die Piloten im Rheintal so tief wie möglich freigegeben werden. Weil sie dann hofften, unter die Wolken zu kommen und dann den IFR-Teil ihres Flugplans aufheben konnten. Allerdings gab es nun ein weiteres Problem. Da die für die Flugfunk benutzten Ultrakurzwellen sich bei ihrer Ausbreitung nicht der Erdkrümmung anpassen, riss dann meist der Funkkontakt zu diesen Flugzeugen ab. So dass wir die Ziele im Rheintal oft noch sehen, mit ihnen jedoch nicht mehr sprechen konnten.

Allerdings hatte SSR auch ein paar Nachteile. Denn da alle Transponder der im Erfassungsbereich der Radarantenne operierenden Flugzeuge auf die Abfrage antworteten, konnte es vorkommen, dass die maximale Zahl der zu verarbeitenden Ziele überschritten wurde. Das konnte dann zu Geisterzielen führen; es gab auch Fälle, bei denen ein Radarziel kurzzeitig gar nicht mehr dargestellt wurde. Ein weiterer Nachteil bestand in der Zahl der zur Verfügung stehenden Codes. Dies waren 4096. Zu wenig, um allen Flügen einen individuellen Code zuweisen zu können. Das heißt, die SSR-Codes mussten mehrfach vergeben werden. Um jedoch zu vermeiden, dass zwei Flugzeugen innerhalb eines bestimmten Gebietes derselbe Code zugewiesen wurde, wurden für die Zuteilung dieser Code genau definierte Gebiete geschaffen. Dabei wurde natürlich versucht, die Codes so zu verteilen, dass ein Flugzeug eine möglichst große Strecke ohne einen Codewechsel zurücklegen konnte. In bestimmten Abständen wurde bei Eurocontrol eine Konferenz abgehalten, die sich mit der europaweiten Verteilung der zur Verfügung stehenden SSR-Codes befasste. Oder um die Codes gefeilscht wurde. Es soll dort zugegangen sein wie auf einem orientalischen Basar. Meinte zumindest ein Kollege, der in der Zentralstelle der BFS beschäftigt war und regelmäßig an dieser Konferenz teilgenommen hat.

Abhilfe bietet der sogenannte Mode S (Mode Selective). Dabei hat jeder Transponder eine bestimmte Adresse und dieser antwortet nur, wenn er von der Bodenstation über diese Adresse angesprochen wird. Statt den 4096 möglichen Codes soll es 16 777 214 Adressiermöglichkeiten geben. Und da die Transponder nun selektiv angesprochen werden, ist es möglich, damit auch noch weitere Informationen zwischen dem Flugzeug und der Bodenstation auszutauschen. Allerdings hat die ganze Angelegenheit einen weiteren Haken. Der jedoch nicht technischer Herkunft ist, sondern finanzieller. Schließlich kostet so ein Transponder Geld. Und da hört bekanntlich die Freundschaft auf.

Flugpläne und Kontrollstreifen

Wenn man bei der Flugsicherung von Flugplänen spricht, dann sind nicht jene Flugpläne gemeint, die von den Fluggesellschaften herausgegeben werden und nach welchen dann ein Flug gebucht werden kann. Ein Flugplan der Flugsicherung besteht vielmehr aus Angaben, die für die Controller wichtig sind. Also Informationen über das Rufzeichen, den Flugzeugtyp, die Ausrüstung und in welcher Höhe der betreffende Flug von wo nach wo und über welche Strecke durchgeführt werden soll.

Flugpläne wurden eigentlich nur für Flüge vorgeschrieben, die der Flugverkehrskontrolle unterlagen. Also für IFR-Flüge und für bestimmte VFR-Flüge. Zum Beispiel, wenn diese bei Nacht im kontrollierten Luftraum operieren wollten. Zusätzlich mussten Piloten, die nach Sichtflugregeln ins Ausland fliegen wollten, einen Flugplan aufgeben. Wobei einige Staaten vor einigen Jahren darauf verzichtet haben. Was den Piloten nicht unbedingt etwas nützt. Denn wenn Deutschland auf diese Flugplanpflicht für VFR-Flüge verzichtet, das Nachbarland Frankreich jedoch nicht, dann müssen die Piloten eben weiterhin dieser, von vielen vielleicht ungeliebten Pflicht nachkommen. Wobei man in diesem Zusammenhang nicht vergessen sollte, dass die Aufgabe eines Flugplans auch einen Sicherheitsaspekt aufweist. Denn die Flüge werden von der Flugsicherung überwacht und werden erst dann als gegenstandslos angesehen, wenn die Landezeit des betreffenden Flugzeugs an den Flugberatungsdienst durchgegeben worden ist (der Fachausdruck lautet hierfür „den Flugplan schließen"). Dabei ist es einerlei, ob die Weitergabe der Landezeit vom Tower eines kontrollierten Platzes (also eines Flughafens) erfolgt, vom Platzflugleiter eines unkontrollierten Landeplatzes oder vom Piloten selbst. Leider wurde dies von den letzteren hin und wieder vergessen. Und dann mussten Erkundigungen über den Verbleib des Flugzeugs eingeleitet werden und wenn nach einer bestimmten Zeitspanne immer noch nicht sicher war, wo das Flugzeug abgeblieben war, dann wurden „Search-and-Rescue" – Maßnahmen (SAR) eingeleitet. Dies galt übrigens auch für IFR-Flüge, die zu einem unkontrollierten Platz flogen und zu diesem Zweck den IFR-Teil ihres Flugplans aufhoben („cancelling IFR"). Der Flugplan galt dann noch weiterhin und die Flugsicherung wartete auf die Landemeldung. Die einzige Möglichkeit, dies zu umgehen, bestand darin, den gesamten Flugplan aufzuheben („closing flightplan"). Im Zweifelsfall konnte es teuer werden, wenn die SAR-Maschinerie angelaufen war, das Flugzeug jedoch sicher am Boden stand und der Pilot entweder in seiner Stammkneipe saß oder nachhause gefahren war. Ich kann mich noch an einen Fall erinnern, bei welchem sich an einem unkontrollierten Platz die Polizei spät nachts Zutritt zu einem Hangar verschafft hatte und dort das vermisste Flugzeug vorgefunden wurde. Der Pilot hatte einen IFR/VFR-Flug durchgeführt, den IFR-Teil seines Flugplans aufgehoben und war dann zu seinem Bestimmungsort weitergeflogen. Dort kam er kurz vor Toresschluss an und als unser Wachleiter versuchte, den dortigen Platzflugleiter zu erreichen, hatte der seinen Laden bereits dicht gemacht und war nachhause gegangen. In den USA, so wurde mir mitgeteilt, wurde an den Zufahrtsstraßen der Flugplätze eine großes Schild angebracht. „Flightplan closed?“ war darauf zu lesen. Eine einfache und effektive Maßnahme.

Für die Flugverkehrskontrolle wurden die Flugpläne über das Fernschreibnetz übermittelt und die darin enthaltenen Informationen wurden dann auf sogenannte Kontrollstreifen übertragen. Diese trugen die englische Bezeichung „control strips“ und wurden der Einfachheit halber als „strips“ bezeichnet.

Als ich damals bei der Flugsicherung anfing, war dies die Aufgabe der Flugdatenbearbeiter, die von uns kurz als „Assistenten“ bezeichnet wurden. Wobei diese Aufgabe nicht mit jener des „Assistant Controllers“, den es bei der deutschen Flugsicherung damals nicht, aber im Ausland sehr wohl gab, verwechselt werden sollte. Unsere „Assistenten" übertrugen diese Flugplandaten also von Hand auf die Kontrollstreifen, wobei es Exemplare in zwei Farben gab. Entscheidend für die Farbwahl war, ob ein Flugzeug in westlicher oder östlicher bzw. in nördlicher oder südlicher Richtung flog. Blau war für die eine, gelb für die andere Richtung vorgesehen. Wobei uns bereits als „Trainees" beigebracht wurde, dass nur die gelben (unausgefüllten) Kontrollstreifen zum Umrühren des Kaffees genutzt werden durften. Weshalb die blauen für diese Funktion nicht herangezogen werden sollten, entzog sich meiner Kenntnis. Vielleicht weil sie stärker abfärbten oder geschmacklich für den Kaffeegenuss schlechter geeignet waren?

Für jeden Meldepunkt, also für die betreffenden Funkfeuer und Kurskreuzungen (Intersections) wurde ein derartiger Kontrollstreifen ausgefüllt. Wurde den Assistenten nun von der benachbarten Kontrollstelle die errechnete Überflugzeit („Estimate") sowie die Höhe des betreffenden

Fluges für einen der Einflugspunkte übermittelt, so wurden diese Angaben auf dem Kontrollstreifen eingetragen und für die nachfolgenden Meldepunkte, also Funkfeuer oder Kurskreuzungen errechnet. Auf dem „Kontrollstreifenboard" befand sich für jeden Meldepunkt ein Kontrollstreifen mit der dazugehörigen Bezeichnung oder „Designator" (z.B. LBU für Luburg), unter welchem die Kontrollstreifen dann nach zeitlichen und höhenmäßigen Kriterien eingeordnet wurden. Da diese „Designators" entsprechend ihrer geografischen Lage angeordnet waren, ergab sich für die Controller bereits eine Übersicht über den zu erwartenden Verlauf der Flüge. Und zwar bevor das Flugzeug in unseren Zuständigkeitsbereich einflog. Betrug die Zeitspanne bis zum (geschätzten) Erreichen des Einflugspunkts weniger als zehn Minuten, dann wurde dies direkt mit den Koordinationslotsen mit einer sogenannten „Expedite Clearance" abgesprochen. Und danach mussten unsere Assistenten die Kontrollstreifen ergänzen. Das musste manchmel recht schnell gehen und so mussten sie ordentlich „pinseln". Besonders dann, wenn ihnen kein Flugplan vorlag. Weil dann die wichtigen Daten telefonisch übertragen und die entsprechenden Kontrollstreifen erstellt werden mussten. Besonders schnell musste es gehen, wenn ein oder mehrere Kampfflugzeuge auf ihrem VFR-Flug in schlechtes Wetter gerieten und schnellst möglich eine IFR-Freigabe haben wollten. Für uns Controller war es meistens nicht besonders schwierig, eine solche zu erteilen. Die Koordination eines solchen Fluges mit der benachbarten Kontrollstelle jedoch schon. Weil die Flugzeit bis zur Übergabe oft recht kurz war. Das galt natürlich auch für unsere Assistenten. Die hatten dann jede Menge Arbeit. Weil es ja schnell gehen musste mit den Kontrollstreifen.

Überflugzeiten und –höhen („Estimates") von Flügen, die unseren Zuständigkeitsbereich verließen, wurden von den Koordinationslotsen an die „Flight Data" – Position der empfangenden Kontrollstelle übermittelt. Nun kam es hin und wieder vor, dass diese keine Informationen, sprich keinen Flugplan vorliegen hatten. „No flight plan" oder „no details", erklärte der bzw. die Assistent oder Assistentin der annehmenden Kontrollstelle. Dann mussten die Daten eben telefonisch übermittelt werden. Nun befand sich bei uns ein „Trainee" in Ausbildung, der, obwohl mit dem Zeugnis der Hochschulreife ausgestattet, für die Tätigkeit eines „Air Traffic Controllers" nicht besonders geeignet war. Um es einmal vorsichtig auszudrücken. Eines Tages „trainierte" er auf der Position des Übergabe-/Koordinationslotsen unseres Südsektors. Auf der von Nord nach Süd verlaufenden Flugverkehrsstrecke A9 war ein relativ langsames Luftfahrzeug unterwegs, das irgendwann an unsere Kollegen in Zürich übergeben werden musste. Seine Aufgabe lag also darin, die errechnete Überflugzeit für den Einflugspunkt in den Zuständigkeitsbereich der eidgenössischen Kontrollzentrale zu übermitteln. Die Kontrollstreifen für diesen Flug hatte er seit einiger Zeit vorliegen, aber er machte keine Anstalten, die Flugdaten nach Zürich zu übermitteln. Sein Ausbilder versuchte es auf eine sehr angenehme und vorsichtige Art: „Unser Nordsektor weiß es, wir wissen es, dass DGXXX den „Amber Niner" runterfliegt. Wer weiß es denn nicht?"

„Ah, der Züricher!"

„Und was machen wir da?

„Wir geben ihm ein Estimate", meinte der „Trainee", nahm das Telefon, um die Flugplandaten weiterzugeben. Und als sich eine Züricher Flugdatenbearbeiterin dann meldete, ging er wie vorgeschrieben ans Werk: „ROTWE Estimate DGXXX".

„No details!" antwortete diese daraufhin.

„Ah, die kennt den ´net!" erklärte der „Trainee" treuherzig seinem Ausbilder und legte das Telefon auf. Dass der junge Mann die Ausbildung nicht geschafft hat und die BFS wieder verlassen hat, braucht sicherlich nicht erwähnt zu werden.

Irgendwann wurden die Kontrollstreifen nicht mehr von Hand ausgefüllt, sondern mit Hilfe eines Druckers erstellt. Die Flugzeiten von einem Meldepunkt zum anderen wurden nun von einem Computer errechnet und zusammen mit der jeweiligen Höhe auf den Kontrollstreifen gedruckt. Die Änderungen, die sich für einen Flug ergaben (zum Beispiel durch eine Sink- oder Steigflugfreigabe oder einer errechneten Überflugzeit) mussten immer noch per Hand erledigt und gegebenenfalls an die benachbarten Kontrollstellen telefonisch weitergeleitet oder von unseren Flugdatenbearbeitern in das Rechnersystem eingegeben werden. Die nachfolgenden Kontrollstreifen wurden dann vom Drucker erstellt. Und obwohl dieses System noch beträchtliche Macken aufwies, war es doch eine Erleichterung. Die erste Version wurde mit KSD (Kontrollstreifendruck) abgekürzt. Wir übersetzten dieses Buchstabenkürzel mit „Kein Streifen da". Das Nachfolgesystem bot weitere Vorteile und wurde ZKSD (Zentraler

Kontrollstreifen Druck) genannt, da es Kontrollstreifen nicht nur für eine Kontrollstelle, sondern für mehrere erstellte. Es wurde von uns dann als „Zeitweise kein Streifen da" bezeichnet. Als dann das Flugdatenbearbeitungssystem mit dem Radardatendarstellungssystem gekoppelt wurde, „holte" sich ZKSD für jeden Flug den dazugehörigen SSR-Code und teilte uns dann auch mit, wann der SSR-Code gewechselt werden musste. Weil das Flugzeug vom einen SSR-Codebereich in den nächsten flog.

Allerdings wurden die Kontrollstreifen nicht mehr in verschiedenen Farben ausgedruckt, sondern ganz einfach auf weißem Papier. Um die unterschiedlichen Flugrichtungen der Flüge anzuzeigen, wurden die Kontrollstreifen entweder in schwarze oder in gelbe Kontrollstreifenhalter eingezogen. Nun gab es an bestimmten Stellen immer wieder Konfliktsituationen, die auf den ersten Blick aus der Kontrollstreifenlage nicht sofort zu erkennen waren. Deshalb wurden die Kontrollstreifen bestimmter Flüge in roten

Kontrollstreifenhaltern eingezogen. Besonders oft kamen diese Fälle nicht vor, weshalb auch nur eine geringe Zahl davon benötigt wurde. Als die BFS damals beim Hersteller diese roten Kontrollstreifenhalter bestellte, wurde der Verwaltungssachbearbeiter darauf hingewiesen, dass er ab einer bestimmten Zahl einen Mengenrabatt erhalten würde. Deshalb hatte er dann, so wurde kolportiert, gleich mehrere hundert davon bestellt. Sehr wahrscheinlich hätte die BFS dann ganz Europa mit diesen Dingern versorgen können. Nun ist mir nicht bekannt, ob diese Geschichte den Tatsachen entspricht. Aber wer lange genug bei der BFS beschäftigt war, glaubte sie auf Anhieb.

Inzwischen wurden die gedruckten Kontrollstreifen durch elektronische ersetzt. Aber erst nachdem ich die Dienste der DFS verlassen habe und deshalb über ihre Vor- und Nachteile ebenso wenig berichten kann wie über die Tücken, mit welchen sich die Controller nun mit diesem System herumschlagen müssen.

Von Not- und Zwischenfällen, der Unternehmenskultur und die Rolle der Medien

Immer dann, wenn ich mich in geselliger Runde als Fluglotse zu erkennen gab, wurde ich oftmals nach dem „Schaumteppich" gefragt. Und ob ich denn schon einmal dabei war, wenn ein solcher gelegt wurde. Ja, war ich. Ein einziges Mal in 26 Jahren. Und ich hatte den auch zu legen veranlasst. Und er erwies sich als nicht unbedingt notwendig. Denn das Flugzeug (ein Kleinflugzeug mit Fahrwerksproblemen), das darauf landen sollte, flog über den ausgelegten Schaumteppich hinweg und landete auf dem nicht eingeschäumten Teil der Landebahn. Die von mir veranlasste Maßnahme erwies sich somit als Flop. Überhaupt ist es mit den Schaumteppichen so eine Sache. Bekanntlich werden sie ja nicht ausgelegt, damit ein Flugzeug – meist mit Fahrwerkproblemen – weich landet. Sondern damit der bei einer Bauchlandung entstehende Funkflug nicht irgend etwas anderes entzündet. Zum Beispiel auslaufendes Kerosin. Zudem erweist sich ein Schaumteppich bei Niederschlag oder bei starken Winden als wenig effektiv. Der Schaum wird dann entweder vom Regen weggespült oder vom Wind verweht. Weshalb einige Fachleute meinen, man sollte generell darauf verzichten.

Aufgrund der Tatsache, dass ich im Zeitraum von 26 Jahren nur einmal erlebt habe, dass ein Schaumteppich gelegt wurde, zeigt, dass sich Vorkommnisse, bei welchen ein Pilot zu einer Bauchlandung gezwungen wird, äußerst selten ereignen. Und dies gilt nicht nur für Schaumteppiche bzw. für Bauchlandungen. Auch andere Notfälle kamen ziemlich selten vor. Wenn ich mich richtig erinnere, dann kann man diese an einer Hand abzählen. Da war die Convair CV-990 „Coronado" der berühmt-berüchtigten Spantax, deren Besatzung den Start aus einer relativ hohen Geschwindigkeit heraus abgebrochen hatte und ihr Flugzeug kurz vor dem Ende der Startbahn zum Stehen brachte. Dabei waren sämtliche Reifen des Vierstrahlers geplatzt und das Flugzeug musste von der Piste geschleppt werden. Und da war die DC-9 der Swissair, die bei einem Sichtanflug etwas zu hoch und zu schnell ankam und etwas leicht über die Piste hinausschoss. Das Bugfahrwerk stand danach im Gras, das Hauptfahrwerk noch auf dem asphaltierten Teil der Piste. Passiert ist nicht viel. Die Flughafenbusse fuhren dann direkt zum Ort des Geschehens und die unverletzt gebliebenen Passagiere wurden von dort ins Terminal transportiert. Nicht zu vergessen die Lockheed L-1011 „Tristar" von Delta Airlines, deren Bugfahrwerk kollabierte, als sie auf die Startbahn rollte. Den Vorgang selbst habe ich nicht mitbekommen; als ich meinen Kollegen auf dem Tower ablöste, lag das Flugzeug bereits auf der Nase. Last but not least sollte noch der VFR-Flug erwähnt werden, der mir aus dem Queranflug „gefallen" war. Weil dessen Sprit ausgegangen war.

Allerdings hatte ich einen besonderen Kunden. Es war eine BAC 1-11 der Bavaria. Sie war als D-ANUE registriert und da die Bavaria zu der damaligen Zeit nicht mit der Flugnummer, sondern mit ihrem Kennzeichen operierte (Condor und Sabena taten es übrigens auch eine Zeitlang), war es leicht festzustellen, wenn der Dampfer bei uns unterwegs war. Dreimal hatte mich das Flugzeug beschäftigt. Das erste Mal war DANUE von Köln nach Palma de Mallorca unterwegs, als in der Nähe von Heidelberg die Druckkabine den Geist aufgab und die Besatzung sich entschloss, in Stuttgart eine Ausweichlandung durchzuführen. Das war jedoch keine Not-, sondern eine Sicherheitslandung. Eine ganz normale „Diversion" also. Eigentlich nichts Besonderes. Die beiden weiteren Male beschäftigte mich die BAC 1-11 während der Nachtschicht. Einmal erklärte die Besatzung etwa fünf Minuten nach dem Start Luftnotlage, da eines der beiden Triebwerke ausgefallen war. Es war nicht besonders schwierig. Ich „drehte" die Maschine einfach um, setzte sie auf das ILS, informierte meinen Kollegen im Tower (der dann den entsprechenden Alarm auslöste) und wies sie an, mit dem Tower in Funkkontakt aufzunehmen. Die Landung verlief völlig unspektakulär. Dabei hatte mich besonders beeindruckt, mit welcher Ruhe einer der beiden Piloten Luftnotlage erklärte. Und das auch noch auf schwäbisch: „Schtuagart, Uniform Echo, Mayday!"

Der dritte und letzte Vorfall mit DANUE war etwas haariger. Die Maschine kam kurz vor Mitternacht aus Istanbul angeflogen und hatte ein Problem. Ein Teil ihrer Instrumente war ausgefallen und ich musste sie mit einem „No-Gyro-SRE-Approach" runterbringen. Bei einem „No-Gyro-Approach" geht man davon aus, dass sich die Piloten nicht mehr auf ihren Kompass verlassen können. Weshalb man ihnen auch keine Steuerkursanweisungen erteilt, sondern ihnen sagt, wann sie eine Kurve einleiten und wann sie diese beenden sollen. Wobei man zunächst von einem „Standard-Turn", also von drei Grad pro Sekunde und im Endanflug von einem „Half-Standard-Turn" ausgeht. Einige Zeit vorher hatte ich einen ähnlichen Fall zu lösen. Aber das war tagsüber und das Wetter war sehr gut.

Das einzige Schmankerl war damals, dass sich eine Gewitterwolke im Endanflug befand und ich die Maschine um diese herumführen musste. Aber die Wetterverhältnisse kamen mir dabei zugute. Nun war es jedoch Nacht und das Wetter war ziemlich schlecht. Schlechtwetteranflüge nach CAT-III gab es damals bei uns noch nicht und die Piloten zuvor gelandeter Flugzeuge erklärten, sie hätten die Anflugbefeuerung bzw. die Landebahn erst am Minimum gesehen. Beim Minimum für einen CAT I – ILS-Anflug! Das Minimum für einen „No-Gyro-SRE-Anflug lag um einiges höher und ich fragte mich, ob meine Radarführung so gut sein würde, dass die Crew rechtzeitig die Anflugbefeuerung oder die Piste sehen konnte. Glücklicherweise wehte so gut wie kein Wind, so dass ich die BAC 1-11 eigentlich ganz gut auf den Endanflug bekam. Das Problem waren also die Sichtwerte bzw. die niedrige Wolkenuntergrenze. Als sich DANUE noch etwa zwei Seemeilen von der Pistenschwelle entfernt befand, sich damit dem Minimum näherte und ich die Piloten auffordern wollte, durchzustarten, meinte einer der Piloten: „We got the lights in sight! Thank You very much for Your help!" Nachdem die BAC unten war und ich sie zu meinem Kollegen im Tower wechseln ließ, merkte ich, dass ich ganz schön geschwitzt hatte. Und einige Kollegen meinten hin und wieder, ich solle mich doch ablösen lassen, wenn DANUE einmal wieder angeschippert kam.

Zum Schluss soll noch ein Ereignis erwähnt werden, bei welchem weder das Flugzeug noch die Passagiere zu Schaden kamen, sondern ein völlig Unbeteiligter. Als ich an einem Freitag Abend die Anflugkontrollstelle betrat, um meine Nachtschicht anzutreten, waren die Kollegen gerade mit einem Notfall beschäftigt. Eine DC-9 der Turkish Airlines hatte unmittelbar nach dem Start oder vielleicht auch schon während des Startlaufs einen Triebwerksausfall erlitten. Und nun wollten die Piloten so schnell wie möglich sicher auf den Boden kommen. Der Notfall wurde professionell abgewickelt. Am nächsten Vormittag, als ich schon längst abgelöst war und zuhause meinem Schlafbedürfnis nachging, hatte Turkish Airlines einer Linienmaschine, die nach Brüssel, Amsterdam oder London (so genau weiß ich das nicht mehr) unterwegs war, ein Ersatztriebwerk für die havarierte DC-9 und zwei oder drei Techniker mitgegeben. Die Maschine legte in Stuttgart eine außerplanmäßige Landung ein, das Triebwerk wurde ausgeladen und die Techniker machten sich ans Werk. Nachdem sie ihre Arbeit vollendet hatten, musste das Triebwerk auf seine Funktionsfähigkeit überprüft werden. Da es auf dem Stuttgarter Flughafen damals keine besondere Einrichtung gab (und es bis heute nicht gibt), bei welcher ein derartiger „engine test run" durchgeführt werden konnte, wurde die Maschine an das östliche Ende des Flughafens geschleppt. Am Ende der Rollbahn wurde die DC-9 so ausgerichtet, dass der Triebwerksschub nicht zur Pistenschwelle geblasen werden konnte. Schließlich sollte ja ein gerade landendes Flugzeug nicht gefährdet werden. Wer weiß, ein gerade landendes Kleinflugzeug hätte sich möglicherweise nicht mehr auf der Piste, sondern seitlich davon im Gras wieder gefunden. Das Heck des Flugzeugs zeigte also in Richtung Nordosten und damit genau zur Autobahn A8, die unmittelbar am Flughafen vorbeiführt. Als die Techniker im Cockpit der DC-9 ordentlich Gas gaben, wurde dummerweise das Gepäck vom Dach eines vorbeifahrenden PKWs geweht und weiträumig auf der A8 verteilt.

Das war´s denn auch mit den Notfällen. Obwohl nicht alle unbedingt als solche bezeichnet werden sollten. Im Vergleich zu den zahlreichen Flugbewegungen, die ich in den 26 Jahren abgewickelt habe, können diese wenigen sehr wahrscheinlich nicht im Prozentbereich angesiedelt werden. Und wenn, dann steht bei der Prozentangabe nicht nur eine Null vor dem Komma, sondern mindestens auch eine dahinter. Weshalb ich auf die Frage, ob ich denn auch schon einige Notfälle erlebt hätte, mich an meinen amerikanischen Kollegen erinnerte: „Ja klar. Damals, als die Kaffeemaschine ausgefallen war!“

Das bedeutet natürlich nicht, dass alles immer so rund lief. Probleme traten bei dem einen oder anderen Flug schon einmal auf. Aber meistens handelte es sich dabei nicht um Notfälle oder Notlandungen, sondern um so genannte Sicherheitslandungen. Wenn also während des Flugs irgendeine Störung aufgetreten war und die Piloten sich entschlossen, vorsorglich auf dem nächsten Flughafen zu landen und dort dann dem Problem auf den Grund zu gehen. So wie man als Autofahrer rechts ran fährt, weil irgendetwas an der Karre klappert.

Hin und wieder gab es bei einem Flugzeug ein Problem mit dem Fahrwerk. Meistens, weil den Piloten keine „Three Greens" angezeigt wurden und sie davon ausgehen mussten, dass nur ein Teil des Fahrwerks ausgefahren und verriegelt war. Da sie jedoch nicht einfach aussteigen und sich dies genau anschauen können, entschlossen sie sich meist erst einmal zu einem tiefen Vorbeiflug vor dem Tower. Dabei wurde die dem Tower abgewandte Tragfläche etwas abgesenkt, so dass wir sehen konnten, ob das Fahrwerk nun draußen ist oder nicht. Meist war es draußen. Ob es auch verriegelt war, konnten wir natürlich nicht sehen. So weit ich mich erinnern kann, verlief die nachfolgende Landung dann ohne Probleme. Meist war nur ein Birnchen der Fahrwerksanzeige ausgefallen. Aber derartige Vorfälle kamen äußerst selten vor. Noch seltener kam es vor, dass ein Pilot vergessen hatte, das Fahrwerk auszufahren. Normalerweise schaute man mit dem Fernglas bei einem landenden Flugzeug nach dem Fahrwerk und hätte die Piloten gegebenenfalls zum Durchstarten aufgefordert. Irgendwann musste ein Kollege diesen „Check" vergessen oder nicht so genau hingeschaut haben. Zumindest landete eine zweimotorige Mitsubishi Mu-2 mit eingefahrenem Fahrwerk. Die Maschine stand dann lange auf dem Vorfeld und wir konnten uns den Schaden ganz genau ansehen. Glücklicherweise handelte es sich bei der Mu-2 um einen Hochdecker, so dass an den Motoren kein Schaden entstanden war.

Allerdings hielten uns „unsere" Militärs regelmäßig auf Trab. Genau genommen waren es die am Platz stationierten Grumman OV-1 „Mohawk". Dabei handelte es sich um zweimotorige Beobachtungs- bzw. Aufklärungsflugzeuge, die zur US Army gehörten, regelmäßig die deutsch-tschechische bzw. deutsch-deutsche Grenze abflogen und zu erkunden versuchten, was sich jenseits des Eisernen Vorhangs so abspielte. Eigentlich verhalfen die beiden Turboprops der „Mohawk" zu einer recht ordentlichen Leistung, aber irgendwie schienen sie schon etwas betagte Damen zu sein. Bei denen hin und wieder das eine oder andere Zipperlein auftrat. So verging kaum ein Tag, an welchem eine „Mohawk" kein Problem hatte. So kann ich mich an einen Kollegen erinnern, der sich bereits am Vormittag mit einer „Mohawk" in besonderer Weise befassen musste und nun, kaum war er aus seiner Mittagspause zurückgekommen, einen weiteren Not- bzw. Dringlichkeitsfall mit einem dieser Aufklärer abzuwickeln hatte. Und da der Flug mit demselben Rufzeichen unterwegs war, fragte er den Piloten, ob es sich denn bei diesem Flug um dieselbe Maschine handeln würde, mit welcher er bereits am Vormittag zu tun gehabt habe. „Negative, Sir", antwortete dieser, „it´s only the same pilot!"

Irgendwie hatte unser Chef die Nase voll mit den „Mohawks". Und so entschloss er sich, mit dem Kommandeur der Einheit ein ernstes Wörtchen zu reden. Wie dieses Gespräch verlaufen ist, entzog sich natürlich unserer Kenntnis. Aber da unser Chef unter einem Anflug von Größenwahnsinn litt, konnte man sich vorstellen, dass dieses Gespräch nicht gerade in angenehmer Stimmung verlaufen war. Nachdem er von diesem Gespräch zurückgekommen war und sich in seinem Dienstzimmer, von welchem er auf einen Teil der Piste und auf das Vorfeld sehen konnte, niedergelassen hatte, rauschte eine „Mohawk" an seinem Fenster vorbei. Mit etwas nach unten geneigter linken Tragfläche, so dass die Kollegen im Tower nachsehen konnten, ob das Fahrwerk nun ausgefahren war oder nicht.

Das Nervenkostüm unseres Dienststellenleiters soll danach auf eine ziemlich starke Probe gestellt worden sein.

Bekanntlich ereignen sich Zwischen- und Unfälle nicht, weil irgendjemand irgendwann einen bedeutenden Fehler gemacht hat. Sondern durch eine Verkettung oder Aneinanderreihung von kleinen Unachtsamkeiten, Fehlfunktionen von Systemen oder das nicht hundertprozentige Einhalten von Betriebsverfahren. Jede für sich allein hätte sich nicht negativ auf die sichere Flugdurchführung oder die sichere Durchführung der Flugverkehrskontrolle ausgewirkt. Das unglückliche Zusammentreffen dieser eigentlich unbedeutenden Faktoren führte eben dann doch zu einem Zwischenfall oder einem Unglück. Kleinvieh macht bekanntlich auch Mist.

Wenn es dann zu einem Zwischen- oder gar zu einem Unfall gekommen ist, dann muss es eigentlich darum gehen, dass die

Wiederholung dieser Fehler, welche dem bzw. den Betroffenen in einer bestimmten Situation unterlaufen ist, ausgeschlossen wird. Dabei kann es sich auch herausstellen, dass nicht dem Controller ein Fehler unterlaufen ist, sondern dass das Übel in einem bestimmten Verfahren steckt. Und dies können auch Verfahren sein, die bereits seit Jahren ohne jegliche Probleme angewendet wurden. Als Beispiel sei ein Fall angeführt, der sich vor einigen Jahren an einem schwedischen Flughafen ereignet hatte. Da war die Besatzung einer BAe146 zu einem Sichtanflug freigegeben worden. Dummerweise geriet das Flugzeug dabei in den unkontrollierten Luftraum und kam dabei einem VFR-Flug, der in diesem Luftraum völlig legal und ohne mit der Flugsicherung in Kontakt treten zu müssen, operierte, zu nahe.

Menschen sind bekanntlich nicht ganz perfekt und wie bereits zu Beginn festgestellt, sind Fluglotsen auch keine Supermänner und – frauen. Auch ihnen unterlaufen Fehler. Fehler, die sie nicht absichtlich begangen haben, sondern die ihnen in bestimmten Situationen unterlaufen sind. Wer eine Wiederholung dieser Fehler vermeiden möchte, muss jedoch davon unterrichtet werden. Nur wenn ein Zwischenfall gründlich untersucht und festgestellt wurde, weshalb einem Controller in einer ganz bestimmten Situation ein Fehler unterlaufen ist oder festgestellt wird, dass sich ein Betriebsverfahren unter bestimmten Bedingungen als fehlerhaft herausgestellt hat, können entsprechende Maßnahmen zur Abhilfe ergriffen werden. Dabei kann es sich natürlich auch herausstellen, dass ein Controller in einer bestimmten Situation (zum Beispiel bei einer komplexen Verkehrssituation) überlastet war und ihm deshalb ein Fehler unterlaufen ist. Als am 1. Juli 2002 über Überlingen eine Tu-154 der Bashkirian Airlines mit einer B757 der DHL kollidierte, dann stellte sich recht schnell heraus, das der Controller in der Bezirkskontrollstelle Zürich schlicht und einfach überlastet war. Überlastet sein musste. Wenn man sich die Bedingungen, unter welchen er zu arbeiten hatte (er war alleine und einige Systeme waren wegen Wartungsarbeiten außer Betrieb), vor Augen führt. Wenige Tage später habe ich den Kontrollraum in Zürich besucht. An mobilen Trennwänden war eine Vielzahl von Fernschreiben und Faxen von Kollegen aus aller Welt aufgehängt worden. Die ihre Betroffenheit ausdrückten und sich alle einig waren, dass ihnen dies unter den Bedingungen, unter welchen der Kollege arbeiten musste, auch hätte widerfahren können. Das traf genau meine Meinung zu dieser Katastrophe. Auch mir hätte dieser Fehler unterlaufen können. Natürlich wurde viel über die Katastrophe von Überlingen geschrieben. Ganz gut recherchierte Artikel und Bücher und weniger gut recherchierte. Die Schweizer Journalistin Ariane Perret hat ein gutes und lesenswertes Buch[3] über Überlingen geschrieben. Nicht nur darüber, wie diese Kollision sich ereignet hat, sondern auch über die menschlichen Tragödien, die damit zusammenhängen sowie über den Eiertanz,

---

[3] Ariane Perret: „Kollision aus heiterem Himmel", orell füssli Verlag, 2007, ISBN 978-3-280-06098-8

den das "skyguide"-Management aufführte, um sich von seiner Verantwortung zu drücken. Der Titel des Buchs lautet „Kollision aus heiterem Himmel" und ist 2007 im Orell Füssli Verlag erschienen. Vielleicht gibt es diesen Band ja noch im Antiquariat.

Wenn sich Controller allerdings fürchten müssen, dass sie sich wegen ihres Fehltritts disziplinarisch zu verantworten haben oder gar sich mit dem Staatsanwalt auseinandersetzen müssen, dann ist zu erwarten, dass sie das betreffende Ereignis nicht an ihre Vorgesetzten melden, sondern erst einmal die Klappe halten und sich vorsorglich dem Rat eines Rechtsanwalts anvertrauen. Der Sicherheit ist damit allerdings nicht gedient. Deshalb ist es wichtig, dass die Controller nur dann einer disziplinarischen oder strafrechtlichen Untersuchung ausgesetzt werden, wenn sie bei ihrem Handeln grob fahrlässig gehandelt haben. In dem sie ganz bewusst gegen die Vorschriften verstoßen haben. Ganz abgesehen davon, dass derartig veranlagte

Menschen bei der Flugsicherung nichts verloren haben – Fluglotsen fühlen sich der Sicherheit verpflichtet und es gibt wohl keinen, der einen derartigen Zwischenfall durch sein Verhalten absichtlich provozieren würde. Deshalb ist es wichtig, dass sie über ihren „Fehler" berichten können, ohne sofort mit Sanktionen rechnen zu müssen. Der Fachbegriff hierfür nennt sich „Just Culture" und ein Flugsicherungsdienstleister, der etwas auf sich hält, wird dies berücksichtigen und in seiner Firma anwenden. Eine „nicht punitive" Unternehmenskultur ist deshalb ein wichtiger Beitrag zur Sicherheit im Luftverkehr. Übrigens nicht nur bei der Flugsicherung, sondern auch bei den Luftfahrtunternehmen.

Wer mit einer außergewöhnlichen Situation konfrontiert wird, reagiert in vielen Fällen auch etwas außergewöhnlich. Und kann sich einen gehörigen Macken auf seiner Seele einhandeln. Dabei muss es sich bei dieser außergewöhnlichen Situation nicht unbedingt um einen Unfall handeln. Eine haarige „Confliction" kann ganz schön unter die Haut gehen. Die dann entstehenden Selbstvorwürfe und −zweifel können gegebenenfalls bis zur Dienstunfähigkeit führen. Mit dem Ergebnis, dass ein gut ausgebildeter Mitarbeiter die Firma dann verlässt. Um dem vorzubeugen, hat die DFS ein Verfahren eingeführt, das sich „Critical Incident Stress Management (CISM)" nennt und das sich um die betroffenen Mitarbeiter kümmert. Auch dies gehört zu einer Unternehmenskultur eines guten Flugsicherungsdienstleisters.

Bleiben zum Schluss noch ein paar Worte zu der Berichterstattung in den elektronischen und gedruckten Medien. Die Wahrnehmung von Zwischenfällen im Luftverkehr scheint dabei ganz eigenen Gesetzen zu folgen. Das Problem ist jedoch, dass nur wenige Medienschaffende Kenntnis haben, wie Luftfahrt eigentlich funktioniert. Und hinsichtlich der Flugsicherung muss leider festgestellt werden, dass selbst einige Luftfahrtjournalisten nicht in der Lage sind, Vorgänge innerhalb der Flugsicherung richtig einzuschätzen. Was sie jedoch nicht davon abhält, darüber zu berichten. Dazu kommt, dass die Einschaltquote bzw. die Auflage viel wichtiger zu sein scheint als eine objektive und fundierte Berichterstattung. Und dies glaubt man offensichtlich durch eine entsprechend reißerische Schilderung zu schaffen. „Breaking News" eben. Auch wenn bei der Geschichte nicht alles oder so gut wie nichts den Tatsachen entspricht, muss sie in die Öffentlichkeit. Allein wegen den Schlagzeilen bzw. der Einschaltquote. Und aus Konkurrenzgründen.

Eine besondere Rolle scheint hier die Luftfahrt zu spielen. Denn da ist entweder alles sicher oder alles sehr gefährlich. Wenn sich bei der Flugsicherung eine geringe Staffelungsunterschreitung, also meinem alten Lehrer auf der Flugsicherungsschule zufolge ein „infringement of separation" ereignet, so muss, wenn darüber berichtet wird, von einer „Beinahekatastrophe im deutschen Luftraum" geredet werden oder davon, dass es einmal wieder „haarscharf an einem Crash vorbei" gegangen wäre. Zumindest scheinen die

Boulevardzeitungen bzw. so ein paar Fernsehsender diesem Motto zu folgen. Aber selbst bei der Berichterstattung seriöser Medien fragte ich mich hin und wieder, ob man sich da nicht die Zeit nehmen könnte, zunächst jemand zu fragen, der Ahnung von der Materie hat. Oder sich mal nach dem Unterschied zwischen einer Sicherheits- und einer Notlandung zu erkundigen. Nach dem Absturz einer B737 wurde in einer ziemlich bekannten Boulevardzeitung das Cockpit dieses Flugzeugmusters gezeigt. Mit Erklärungen, welche Instrumente sich an welcher Stelle befinden und wie man so ein Verkehrsflugzeug fliegt. Gut, dass keiner der Leser sich ins Cockpit seines Urlaubsflugs verirrte....

Ich erinnere mich an einen Vorgang, der sich hin und wieder in einer ähnlichen Form abspielte. Da hatte ich mich als Towerlotse entschlossen, eine B757 der LTU noch vor einer C-137 (der VIP-Militärversion der B707) der US Air Force rauszubringen. Unter anderem weil ihr „Slot", also ihr Zeitfenster, in welchem sie eigentlich starten sollte, bereits um einige Minuten abgelaufen war. Nachdem ich die LTU-Crew gefragt hatte, ob sie für einen Sofortstart bereit wäre und sie dies bejahte, gab ich sie unter Hinweis auf die anfliegende C-137 zum Start frei. Daraufhin rollte die B757 auf die Piste und schien sich dort erstmal häuslich einzurichten. Während die C-137 immer näher kam. Als sich diese in einer Entfernung von drei Seemeilen befand, wies ich die LTU-Besatzung auf die anfliegende Maschine hin und fragte sie, ob sie denn sich nun endlich zum Start entschließen könnte. Auf meine Frage bekam ich keine Antwort und als sich die C137 auf zwei Seemeilen genähert hatte und ich mit einem etwas drängenden Unterton in der Stimme die Piloten der B757 noch einmal fragte, ob sie denn nun den Start beginnen wolle, antworten sie: „We´re rolling now!“

„And down look in Your mirror“, meinte die sonore Stimme des amerikanischen Piloten. Es ging noch einmal gut aus. Was in diesem Fall bedeutete, dass ich die US Air Force Besatzung nicht zu einem Durchstartmanöver auffordern und die Startfreigabe für die B757 nicht zurückziehen musste. Optimale Ausnutzung der Start- und Landebahn eben. Allerdings fragte mich unser Flugdatenbearbeiter kurz danach, ob ich denn wisse, wer sich in der C-137 befunden habe.

„Keine Ahnung“, antwortete ich.

„Madeleine Albright, US Außenministerin“, meinte er darauf hin. Irgendwie konnte ich mir die Schlagzeilen in der Boulevardzeitung mit den vier Buchstaben vorstellen, wenn die C-137 nun wirklich einen „Overshoot“ geflogen wäre. „Stuttgarter Fluglotse verweigert amerikanischer Außenministerin die Landung!“ oder „Flugsicherung zwingt Madeleine Albright zur Ehrenrunde!“

Der Funktionär

Irgendwie ist der Begriff des Funktionärs negativ belegt. Weil man da gleich an irgendwelche sozialistischen Parteigänger denkt, die dafür sorgten, dass der Wille des großen Vorsitzenden durchgesetzt wird. Auch wenn sie totaler Unsinn waren. Nun ja, irgendwie bin ich auch ein Funktionär geworden. Beim VDF, dem Verband Deutscher Flugleiter. Weil unser VDF-Obmann zurückgetreten war und einige Kollegen meinten, ich könnte ihm doch in diesem Amt nachfolgen. So wurde ich von den Kollegen als VDF-Obmann der Untergruppe Stuttgart gewählt und fortan gehörte es zu meinen Aufgaben, die örtlichen Sitzungen zu leiten, die Haltung meiner Kollegen vor Ort zu erkunden und sie dann innerhalb des Verbandes einzubringen. Und natürlich die Verbandspolitik, die auf den jeweiligen Versammlungen beschlossen wurde, meinen Kollegen zu erklären und sie, was nicht immer einfach war, davon zu überzeugen.

Bei dem Obmann ist es dann nicht geblieben. Irgendwann hatte ich das Amt aufgegeben, weil ich zunächst als Referent für fachliche Angelegenheiten und später dann als Redakteur unserer Verbandszeitschrift „der flugleiter" tätig gewesen bin. Das brachte mir dann jede Menge „Ehre" ein. Aber sonst nichts. Denn wir machten das ehrenamtlich. Geld gab es dafür keines, aber dafür jede Menge Arbeit. Die natürlich in der Freizeit erledigt werden musste. Auf der anderen Seite kam ich bei der Tätigkeit als Referent für fachliche Angelegenheiten auch immer wieder mit ausländischen Kollegen zusammen. Was meinen deutschen Flugsicherungshorizont irgendwie erweiterte. Dabei musste ich feststellen, dass die Kollegen im Ausland auch nicht viel anders tickten als wir und dass sie nahezu dieselben Probleme hatten wie wir. Dieselben Berufe scheinen irgendwie auch die selben Denkweisen und Mentalitäten hervorzubringen.

Der VDF war unser Berufsverband, der mit der großen Politik nicht immer einverstanden war und der versuchte, seine Vorstellungen gegenüber derselben durchzusetzen. Was wir wollten, schien eine Ungeheuerlichkeit zu sein. Obwohl wir ja innerhalb der Beamtenschaft schon einige Privilegien hatten (wir wurden u.a. schneller befördert als andere Bundesbeamte, gingen früher in den Ruhestand, erhielten ein paar Zulagen und kamen alle vier Jahre in den Genuss einer Regenerationskur), hielten wir das Beamtenrecht und die Organisation der Flugsicherung in Form einer Behörde für völlig ungeeignet. Zumal in einigen Staaten gezeigt wurde, dass es auch anders ging. Natürlich wollten wir auch mehr Geld haben. Weil wir meinten, dass sich unser Job doch etwas von dem eines Zöllners oder eines Beamten der Wasser- und Schifffahrtsdirektion unterscheiden würde. Unsere Meinung wurde auch durch einige Gutachten untermauert. Aber die wurden offensichtlich nur mit der Absicht, uns ruhig zu stellen, erstellt und dann bei den zuständigen Ministerien auf Lagerungsfähigkeit erprobt. Was nicht unbedingt zu einer besseren Stimmung innerhalb der Lotsenschaft führte.

So haben wir hin und wieder auch gestreikt. Nun ja, das durften wir eigentlich nicht. Denn schließlich waren wir ja Beamte und die standen in einem „besonderen Dienst- und Treueverhältnis" mit der Bundesrepublik Deutschland. Zu streiken war uns deshalb strikt verboten. So griffen wir nach dem Mittel des „Dienstes nach Vorschrift", was auch als Bummelstreik oder „Slow-go" bezeichnet wurde. Und offensichtlich waren die Auseinandersetzungen mit unserer Behörde und vor allem mit den politisch Verantwortlichen vielen Kollegen auf den Magen geschlagen. So kam es, dass sich eine große Zahl von Fluglotsen krank meldete und mit den wenigen, die dann noch zum Dienst erschienen waren, der Verkehr nicht zu bewältigen war. Unsere Vorgesetzten verdächtigten uns natürlich, dass die Krankmeldungen nur vorgeschoben waren.

Irgendwann folgte die Strafe auf dem Fuß. Unsere wichtigsten Funktionäre wurden vom Dienst suspendiert, unsere Telefone wurden abgehört, gegen eine große Zahl von Kollegen wurden Disziplinarverfahren eingeleitet und letztlich versuchte die Politik uns mit sehr hohen Schadensersatzforderungen den Geraus zu machen. Was unsere Solidarität nur noch verstärkte. Irgendwann wurden die Friedenspfeifen ausgepackt, die Suspendierungen unserer Vorstandsmitglieder wurden aufgehoben, die Disziplinarverfahren gingen, von einem Frankfurter Kollegen abgesehen, zu Gunsten der jeweils Beschuldigten aus oder wurden eingestellt. Und schließlich ist 1993 unser Wunsch in Erfüllung gegangen. Die alte Bundesanstalt für Flugsicherung (BFS) wurde aufgelöst und wir fanden mit der Deutschen Flugsicherung GmbH (DFS) einen neuen Arbeitgeber. Endlich waren wir am Ziel und wir hatten „unsere" Firma. So wir sie uns gewünscht hatten.

Mit der Gründung der DFS wurde auch ein Problem gelöst, mit welchem wir uns lange herumschlagen mussten – das der zivil-militärischen Zusammenarbeit. Die sollte in den achtziger Jahren mit einem Konzept gelöst werden, das nach dem Städtchen Sobernheim benannt wurde. Allerdings wurde dies mehr oder weniger auf dem Reißbrett erarbeitet. Wir Controller wurden da nicht gefragt. Bei solch großen Vorhaben kann Sachverstand bekanntlich schädlich sein. Aber vielleicht wurden wir auch außen vorgelassen, weil der VDF aufgrund seiner Aktionen als unsicherer Kantonist angesehen wurde. Oder als Schmuddelkind. Und damit möchte bekanntlich ja niemand etwas zu tun haben. Ich persönlich konnte mich des Eindrucks nicht erwehren, dass die Luftwaffe mit der Begründung, für den Spannungs- und Verteidigungsfall im Bereich der Streckenkontrolle eine eigene „überörtliche“ Flugsicherung unterhalten zu müssen, nun eine Chance sah, sich einen großen Teil des Luftraums unter den Nagel reißen zu können. Für uns war dagegen das „Münchner Modell“, bei welchem zivile Lotsen – abgesehen von der örtlichen Flugsicherung an den Fliegerhorsten – den gesamten militärischen und zivilen Flugverkehr aus einer Hand kontrollierten – das beste Konzept. Dem übrigens auch die Luftwaffe nicht widersprach. Ihr ging es vielmehr darum, Einfluss auf die zivile Flugsicherung zu erhalten. Dagegen war das vom Militär vorgeschlagene Konzept viel zu kompliziert, was durch einen entsprechenden Feldversuch in Düsseldorf dann auch bewiesen und „Sobernheim" beerdigt wurde. Die Animositäten, die sich zwischen der zivilen und der militärischen Flugsicherung entwickelt hatten, konnten jedoch nicht so einfach beseitigt werden (dabei hatten wir eigentlich nichts gegen unsere militärischen Kollegen, sondern etwas gegen ihre Führung). Eine Lösung ergab sich jedoch erst, nachdem Bundespräsident von Weizsäcker den ersten Entwurf zur Organisationsprivatisierung aus verfassungsrechtlichen Gründen abgelehnt hatte und deshalb das Grundgesetz geändert werden musste. Doch das war nur mit den Stimmen der SPD, die sich damals in der

Opposition befand, möglich. Und die verlangte auch einen Preis. Nämlich dass die „überörtliche" Flugsicherung in die DFS integriert wurde. Also genau das zu tun war, was die Luftwaffe knapp zehn Jahre zuvor abgelehnt hatte. Den Genossen bin ich dafür heute noch dankbar.

Natürlich musste unsere neue Firma auch nach anderen Prinzipien geführt werden als eine Behörde. So mussten wir uns mit neuen, uns bisher wenig bekannten „Management-Tools" auseinandersetzen. Das war für viele von uns (auch für mich) nicht ganz einfach. Reibungspunkte waren deshalb nicht auszuschließen und das Klima zwischen der Geschäftsführung und uns kühlte sich zusehends ab. Doch inzwischen wurde die Geschäftsführung der DFS ausgewechselt und offensichtlich sind nun beide Seiten darum bemüht, die Trümmer der Vergangenheit aus dem Weg zu räumen.

Zu früheren Zeiten war der VDF mit der Gewerkschaft DAG eine Kooperation eingegangen. Wir machten die fachliche Arbeit, die DAG die tarifliche. Als die DAG zusammen mit anderen Arbeitnehmervertretungen in der Gewerkschaft „ver.di" aufgegangen war, wurde diese Kooperation weitergeführt. Allerdings waren wir mit der Arbeit von „ver.di" nicht mehr so richtig zufrieden. Deshalb schloss sich der VDF mit dem Fachverband unserer Ingenieure und Techniker FTI zusammen und gründete die Gewerkschaft der Flugsicherung (GdF). Doch da habe ich mich – bis auf den Job als Redakteur des „flugleiters" – nicht mehr engagiert. Weil das Ende meiner Fluglotsentätigkeit abzusehen und ich während der letzten Jahre als Betriebssachbearbeiter tätig war. Das war zwar keine Führungsfunktion, aber irgendwie hing ich so zwischen dem „arbeitenden Volk" und der Leitung. Eventuell entstehende Konflikte wollte ich von vorne herein ausschließen. Obwohl ich mir einbilde, nie vergessen zu haben, wo ich eigentlich herkam und was mein eigentlicher Job war – der eines Air Traffic Controllers. Und ich hatte mir auch vorgenommen, meinen Kollegen nie eine Betriebsanweisung vor die Nase zu setzen, nach welcher ich als Controller hätte nicht arbeiten wollen oder können. Ich hoffe, dass mir dies auch immer gelungen ist.

Ein Blick in die Glaskugel

Prognosen sind bekanntlich schwierig, besonders wenn sie die Zukunft betreffen. Das gilt natürlich auch für die Flugsicherung. Aber die Welt bleibt nun einmal nicht stehen und deshalb müssen sich die Controller auch immer wieder neuen Herausforderungen stellen.

Die wichtigste dürfte dabei der „Single European Sky" (SES) und das damit verbundene Programm SESAR (Single European Sky ATM Research) sein. Auf den Weg gebracht wurde SES durch die EU-Kommission. Sie kam wohl den immer wieder von Fluggesellschaften vorgebrachten Klagen entgegen, nach welchen der europäische Luftraum zu sehr durch was-weiß-ich wieviele Flugsicherungsorganisationen, die inzwischen ja als Flugsicherungsdienstleister bezeichnet werden, fragmentiert wäre, deshalb ganz einfach ineffizient verwaltet oder, um den richtigen Ausdruck zu benutzen, gemanaged wird. Weshalb die Flugsicherung viel zu teuer wäre. 1999 gab es 41 Flugsicherungsdienstleister in Europa (inzwischen sind es ein paar weniger), etwa 50 Kontrollzentralen, mehrere 100 Anflugkontrollstellen und Kontrolltürme und – horribile dictu – mehr als 650 Kontrollsektoren. Das musste geändert werden. Als Vorbild dienten die Vereinigten Staaten. Dort ist, so wird uns erzählt, alles effizienter und vor allem wesentlich preiswerter. Was, ganz so nebenbei erwähnt, die amerikanischen Fluggesellschaften nicht davor bewahrte, rote Zahlen zu schreiben und ihr Heil entweder im Chapter 11 des US Konkursrechts und in Fusionen zu suchen. Zudem scheinen die Kritiker zu übersehen, dass es sich bei den USA um einen einzigen Staat handelt und die bekannten Eifersüchteleien über die nationale Souveränität von vorne herein ausgeschlossen werden können. Als ob die europäischen Flugsicherungen für den Verlauf der europäischen Geschichte und die Bildung deren Nationalstaaten verantwortlich gemacht werden könnten! Und offensichtlich wird auch gerne vergessen, dass der amerikanische Flugsicherungsdienstleister eine Behörde ist – die Federal Aviation Administration FAA. Also genau das, was in Europa als antiquiert, nicht wettbewerbsfähig und ineffektiv bezeichnet wird. Dazuhin werden in den USA die Kosten für die Flugsicherung größtenteils vom Steuerzahler und nicht von den Luftraumnutzern erbracht. Flugsicherungsgebühren scheinen dort ein Fremdwort zu sein und alle Versuche, diese einzuführen, bringen die Luftfahrtverbände (vor allem die der Allgemeinen Luftfahrt) auf die Barrikaden.

Dabei hat der ursprüngliche Gedanke des SES, die Zuständigkeiten der einzelnen Flugsicherungsdienstleister nicht an den nationalen Grenzen, sondern an den Verkehrsströmen auszurichten, durchaus seinen Charme. Sinnvoll wäre es deshalb, eine einheitliche, europäische Organisation zu schaffen, die für die Durchführung der Flugverkehrskontrolle, Entschuldigung des Luftverkehrsmanagements in ganz Europa zuständig ist. Flugsicherung aus einer Hand hatten die europäischen Berufsverbände und Gewerkschaften der Fluglotsen einst einmal gefordert.

Offensichtlich wurde dieser durchaus richtige Ansatz von der Politik inzwischen über Bord geworfen. Vielleicht auch, weil der erste Versuch aus den sechziger Jahren gescheitert ist. Die am 1. Dezember 1960 gegründete Agentur Eurocontrol (European Organisation for the Safety of Air Navigation) besteht zwar heute noch. Nur mit der Durchführung der Flugverkehrskontrolle hat sie, bis auf die Kontrollzentrale von Maastricht, nichts mehr am Hut. Aber sie spielt beim Projekt SES als „Network Manager" eine bedeutende Rolle. Und nun wird mit SES der Eindruck erweckt, dass das heere Ziel eines einheitlichen europäischen Luftraums nun endlich erreicht werden wird. Nur ist das wirklich ein „Single European Sky", wenn sich die Aufteilung des europäischen Luftraums nicht mehr an den nationalen Grenzen orientiert, sondern durch neun sogenannte „Functional Airspace Blocks

(FABs)" erfolgt? Und die nationalen Flugsicherungsdienstleister weiterhin existieren? Sie also weiterhin für die „Bewirtschaftung" dieser FABs zuständig sind? Es ist schon richtig, dass sie da zu einer größeren Kooperation gezwungen werden. Und natürlich wird die Zersplitterung der europäischen Flugsicherungslandschaft reduziert - aber ein „Single European Sky" ist dies nicht unbedingt.

Die Aufgabe, die sich die EU-Kommission mit SES aufgeladen hat, ist nicht ganz einfach. Aber wenn die Zuwachsraten im Luftverkehr so eintreffen wie dies einst prognostiziert wurde, dann muss die Flugsicherung damit Schritt halten können. Die Ziele sind ehrgeizig: die Verspätungszahlen müssen reduziert, die Strecken, welche die Luftfahrzeuge von dem einen zum anderen Flughafen zurückzulegen, verkürzt, die Kapazität erhöht, die Flugsicherungsgebühren reduziert und - last but not least – die Umwelt entlastet werden. Der CO_2-Ausstoss des Luftverkehrs muss verringert werden.

Natürlich können diese Ziele nicht von heute auf morgen erreicht werden. Das braucht seine Zeit und deshalb hat die EU-Kommission bestimmte Zeitabschnitte festgelegt, in welchen die von ihr vorgegebenen Ziele erreicht werden sollen. Diese Zeitabschnitte werden als Regulierungsperioden bezeichnet. Ohne Regulierung geht also nichts und da haben die EU-Bürokraten bekanntlich jede Menge Erfahrung. Weil SES eine europäische Kiste ist, erfolgt diese Regulierung in Brüssel. Und da dieses gewaltige Vorhaben nicht ohne modernste Technik von statten gehen kann, wurde SES auch noch SESAR (Single European Sky ATM Research) zur Seite gestellt. Was nicht verwunderlich ist – schließlich soll die Industrie ja nicht leer ausgehen.

Bei SES sollen die europäischen Flugsicherungsdienstleister auf der einen Seite preiswerter arbeiten, aber zukünftig mehr Verkehr abwickeln. Dass dies nicht so richtig funktionieren kann, wird wohl jeder verstehen, der die Prinzipien der Grundrechenarten nicht ganz vergessen hat. Möglich gemacht kann das jedoch nur, wenn die ANSPs (Air Navigation Service Provider) weniger Personal beschäftigen und dieses auch noch schlechter bezahlen. Darf man sich da noch wundern, wenn die Berufsverbände und Gewerkschaften der Controller und der Techniker dagegen protestieren? Zumal die EU-Kommission die technischen Dienste dem Wettbewerb aussetzen und deren Aufgaben nach außen geben möchte. Abgesehen von den schlechten Erfahrungen, die in den letzten Jahren beim „Outsourcing" von öffentlichen Dienstleistungen gemacht worden sind, würde dadurch die seit Jahren erfolgreiche Zusamenarbeit zwischen dem Betrieb (also den Controllern und den Flugdatenbearbeitern) und der Technik innerhalb der Flugsicherungsfamilie wohl endgültig zu Grabe getragen.

Irgendwie scheinen die europäischen ANSPs mit der EU-Kommission eine ganz besondere Zielvereinbarung geschlossen haben. Denn sollten sie nicht in der Lage sein, die gesetzten „Performance Goals" zu erreichen, dann geht es ihnen mit einem Bonus/Malus-System an den Geldbeutel. Aber an den geht es den nationalen Flugsicherungsorganisationen ohnehin, da das bisherige Prinzip der Kostendeckung durch die Luftraumnutzer abgelöst und durch eine Art Risikomechanismus ersetzt wurde. Allein dies wird die nationalen ANSPs enorm unter Druck setzen. Oder anders ausgedrückt - zwei harte Winter und ein heißer Sommer mit vielen Gewittern und Unwettern und die DFS ist pleite!

Was für die DFS gilt, trifft natürlich auch auf ihre europäischen Mitbewerber zu. Sie alle dürften – auch wenn dies nicht unbedingt zugegeben wird - von SES nicht so richtig begeistert sein. Mit durchaus gutem Grund. Denn anstatt eine gemeinsame europäische Flugsicherung zu schaffen, scheint sich SES zu einem bürokratischen Flugsicherungsmonster zu entwickeln. Es scheint, wie so viele andere Entwicklungen auch, symptomatisch für die

EU zu sein, die, wenn man einer großen Zahl von Politikern glaubt, an einem Scheideweg steht. Aus der großartigen Idee eines völkerumspannenden Europa scheint ein bürokratisches Monster geworden zu sein, das sich lediglich nur noch als Vollstrecker einer gewinnorientiertern Unternehmensphilosophie versteht. Zudem kommt, dass die Rechtspopulisten weltweit an Bedeutung gewinnen und auf nationale Stärke setzen. Von einem gemeinschaftlichen solidarischen Europa scheint genau so wenig übrig geblieben zu sein wie von der guten und richtigen Idee einer einheitlichen europäischen Flugsicherung. Die Frage, wie die Organisation der europäischen Flugsicherung in zehn oder fünfzehn Jahren aussehen wird, bleibt also spannend.

Natürlich bekennen sich die europäischen Flugsicherungsdienstleister offiziell zum SES. Was wohl nicht nur dem politischen Opportunismus entspricht, sondern weil sie durch SES gezwungen wurden, sich innerhalb der jeweiligen „Functional Airspace Blocks" zu einer größeren Kooperation zusammenzufinden. Dies ist eine begrüßenswerte Entwicklung. Auf der anderen Seite wurden sie jedoch durch SES und den offenbar nicht tot zu bekommenden Wettbewerbsgedanken ermuntert, mit anderen Flugsicherungsdienstleistern zu konkurieren und sich auch außerhalb ihres Heimatmarktes zu engagieren. So hat die DFS in Großbritannien mit der „Air Navigation Solution Ltd (ANS)“ eine Tochtergesellschaft gegründet. Die Platzkontrolldienste des Flughafens London-Gatwick hat sie bereits übernommen, 2018 wird sie auch für die Anflug- und Platzkontrolle von Edinburgh verantwortlich zeigen. Das ist für das Mangement der deutschen Flugsicherung ganz sicherlich ein schöner wirtschaftlicher Erfolg. Insbesondere der Tower von London-Gatwick wird sich wohl als „Cash Cow“ erweisen. Aber man darf sich schon fragen, ob dies nicht ein Zeichen ist, dass der wirtschaftliche Gedanke auch bei der Flugsicherung Piorität eingeräumt wird. Denn der britische Flugsicherungsdienstleister NATS (National

Air Traffic Services) war auf dem Gebiet der Sicherheit kein schlechter und hätte deshalb eigentlich weder in Gatwick noch in Edinburgh von einem ausländischen abgelöst werden müssen. Vielleicht war ja das wirtschaftliche Angebot der DFS besser als das von NATS? Und dazu sollte man sich natürlich auch fragen, ob es nicht ein Widerspruch in sich ist, auf der einen Seite den „Single European Sky" zu propagieren, aber auf der anderen bei der Zersplitterung in einem anderen Land mit beizutragen? Dazu kommt, dass die Wiedergeburt des Nationalismus freudige Urstände zu feiern scheint und dies, wenn man es auf die Flugsicherungs überträgt, einem „Single European Airspace" diametral entgegensteht.

Aber SES ist für die europäischen Flugsicherungen nur eine Baustelle. Wenn auch die wichtigste. Darüber hinaus werden neue Techniken und Verfahren in den Kontrolltürmen und -zentralen Einzug halten. Zum Beispiel die Satellitennavigation. Die ist nun wirklich nichts neues. Wer etwas auf sich hält, hat ein Navigationsgerät in seinem Auto und eines Tages wird wohl derjenige, der einen Neuwagen ohne Navigationsgerät kaufen möchte, dafür einen Zuschlag zahlen müssen. Oder wahlweise auf seinen Geisteszustand untersucht werden. Deshalb hat die Satellitennavigation bei der Luftfahrt und natürlich auch bei der Flugsicherung schon längst Einzug gehalten. Und ihrer Anwendung dürften keine Grenzen gesetzt sein. Wer weiß, vielleicht macht ADS-B (Automatic Dependance Suveillance - Broadcast) dem guten alten Radar in absehbarer Zeit den Garaus und wenn eines Tages mit satellitengestützten Anflugverfahren auch Schlechtwetteranflüge der Kategorie III (CAT III) möglich sind, dann dürfte dem guten alten Instrumentenlandesystem das letzte Stündchen geschlagen haben. Funknavigationsanlagen wie VORs und NDBs werden durch den Einsatz von Satellitennavigation überflüssig werden und den Luftraumnutzern direktere und damit kürzere Streckenführungen zur Verfügung stehen. Nicht zu vergessen das Konzept des

„Free-Flight“. Diese Flüge sollen in einem „Free-Route-Airspace (FRA)“ verkehren und sind nicht mehr an das bisherige Streckennetz, also an die ATS-Routes gebunden. Wer allerdings hoffte, dass nun die so viel besungene Freiheit über den Wolken nun endlich zur Realität wird, dürfte enttäuscht sein. Denn auch in einem „Free-Route-Airspace“ sind bestimmte Streckenführungen vorgeschrieben, die allerdings nichts anderes sind als „Direktstrecken“. Die gab es auch zu früheren Zeiten, als die Controller die von ihnen kontrollierten Flüge auf einer direkten Strecke zu einem bestimmten Punkt (meist ein Funkfeuer) freigaben. Allerdings war dies von der jeweiligen Verkehrssituation abhängig oder von der Tatsache, dass bestimmte Beschränkungsgebiete deaktiviert waren. Deshalb konnte die fliegende Kundschaft diese direkten Streckenführungen nicht bei ihren Flugplänen einplanen. Der Unterschied zu früher liegt beim FRA darin, dass diese direkten Streckenführungen von den Fluggesellschaften von vorne herein geplant werden können.

So steht für visionäre Ingenieure und für jene Menschen, die bei den Luftraumnutzern und bei den Flugsicherungsdienstleistern für die Finanzen zuständig sind, ein ganz neues Luftverkehrssystem „ante portas". Denn wenn leistungsfähige Rechner am Boden mit den Rechnern an Bord der Flugzeuge direkt kommunizieren können, wenn am Boden konfliktfreie Flugwege berechnet und direkt an die Navigationssysteme der Flugzeuge übermittelt werden können, dann benötigt man eigentlich keine Piloten und keine Fluglotsen mehr. Zumindest nicht in der bisher bekannten Form. Deren Aufgabe, so ein Szenario, liegt dann nur noch in der Überwachung, dem „Monitoring" der Systeme. Was die Controller jedoch beim Ausfall eines oder mehrerer dieser Systeme unternehmen sollen, scheint nicht so richtig festzustehen. Vielleicht bekommen sie ganz einfach die Nummer einer „Hotline" in die Hand gedrückt, die sie dann anrufen und sich einen guten Rat einholen können. „Bei Risiken und

Ausfällen wenden Sie sich bitte an Ihren Systemingenieur!"

Da ich mich im ehemaligen Verband Deutscher Flugleiter e.V. (VDF) engagiert und als Referent für fachliche Angelegenheiten auch an diversen Konferenzen und Symposien teilgenommen hatte, ist mir eine kurze und knackige Aussage in Erinnerung geblieben, die weder von Piloten noch von den Entwicklungsingenieuren jemals in Frage gestellt wurde: „The controller must stay in the loop!" Was nichts anderes bedeutet, dass der Mensch bei der Automatisierung nie um seine Entscheidungsfunktion gebracht werden darf. Automatisierung muss immer dem Menschen dienen! Es darf nie soweit kommen, daß der Mensch zu einem entmündigten Bediener bzw. Überwacher der Technik wird! Was übrigens auch für die Piloten gelten muss.

Da ich kein Pilot, sondern ehemaliger Controller war, soll dieses Prinzip an einem Beispiel aus der Flugsicherung erläutert werden. Natürlich ist es möglich, ein

Flugsicherungssystem zu entwerfen, bei welchem die Kontrolle von einem automatisierten System erbracht wird. Ein System also, das die Flugbahnen der kontrollierten Flüge vorausberechnet, auf mögliche Konflikte untersucht und diese durch entsprechende Maßnahmen beseitigt. Dass dabei die wirtschaftlichste Flughöhe, die wirtschaftlichste Steig- und Sinkflugrate sowie der optimalste „Top-of-Descent" berechnet wird, versteht sich von selbst. Diese so errechneten Daten werden dann als Freigabe mit einem Datalink an die Piloten übermittelt. Wenn diese jedoch von dieser Freigabe abweichen müssen (z.B. weil sie ein Gewitter umfliegen müssen oder die Flughöhe ändern wollen), dann teilen sie dies dem System über einen Datalink mit. Dieses wird eine alternative Freigabe errechnen und ihnen diese dann mitteilen. Dass man dafür keine Controller mehr braucht, ist klar. Die Flugsicherung könnte, da sie dadurch mehr Flugzeuge bearbeiten kann, damit nicht nur ihre Kapazität erhöhen, sondern auch wesentlich preiswerter arbeiten. Denn wenn keine Controller mehr benötigt werden, dann müssen sie auch nicht entlohnt werden. Zudem werden technische Systeme nicht krank, benötigen keinen Urlaub und bestehen auch nicht auf einem Tarifvertrag, sprich einer ordentlichen Bezahlung. Nur ein wenig technische Betreuung, sprich Wartung, ist noch erforderlich. Aber das könnte ja mit einer relativ geringen Zahl von Technikern erledigt werden. Die man bei einer Fremdfirma anstellen, also „outsourcen" könnte.

Dummerweise haben technische Systeme die Eigenart, auch einmal auszufallen. Und dann muss meist der Mensch einspringen. Was in diesem Fall bedeutet, dass auch weiterhin ein paar Controller beschäftigt werden müssen. Welche die meiste Zeit nichts zu tun haben werden, weil ihre Aufgabe ja nun von dem automatisierten System übernommen und alles bestens (und effektiver als sie dies tun könnten) erledigt wird. Sie müssen „nur" einspringen, wenn das System einmal schwächelt.

Fragt sich nur, ob sie das dann auch können. Denn um ihrer Aufgabe auch gerecht werden zu können, müssen sie auch entsprechend fit sein. Das heißt, sie müssen ihren Job laufend ausüben. Die Protagonisten eines automatischen Flugsicherungssystems sind deshalb der Meinung, dass die Leistungsfähigkeit der Controller dann eben durch entsprechendes Simulatortraining auf dem notwendigen Niveau gehalten werden müsse. Doch diese Überlegung hat nicht nur einen, sondern gleich zwei Haken. Zum einen, weil Controller ja nicht nur vor ihrer Radarkonsole oder auf dem Tower sitzen und lediglich auf die Flugbewegungen und die Wünsche der Piloten reagieren. Vielmehr analysieren sie bereits im voraus die Verkehrslage und entwickeln einen Plan, wie diese am besten abgearbeitet werden kann. Dass dieser Plan hin und wieder nicht aufgeht, kommt vor. Aber im Vergleich zu einem Rechner, der nach einem festen, ihm eingegebenen Programm arbeitet, sind Menschen flexibel genug, sich eine Alternative einfallen zu lassen. Zumindest ist mir das immer gelungen. Auch wenn die Lösung dann nicht immer als elegant bezeichnet werden konnte. Beim Ausfall eines automatisierten, rechnergestützten Flugsicherungssystems können die Controller jedoch nicht wissen, wie dieses System eine bestimmte Verkehrssituation zu lösen vorhatte. Die Controller müssten also einen Plan abarbeiten, den sie gar nicht kennnen. Dass dies bei einer komplexen Verkehrssituation in einem Desaster enden würde, ist leicht vorherzusehen.

Und der zweite Haken? Der liegt in der Hoffnung, dass mit einem automatisierten System mehr Flüge abgewickelt werden können als dies die Controller schaffen. Dass damit also die Kapazität erhöht werden könnte. Dem soll nicht widersprochen werden. Aber wenn dann bei einem Ausfall dieses Systems die Controller nicht nur einen Plan abarbeiten sollen, den sie nicht kennen, werden sie bei einem Verkehrsaufkommen, das ihre Kapazität übersteigt, mit Sicherheit scheitern. Und diese Sicherheit, das kleine

Wortspiel sei hier erlaubt, dient ganz bestimmt nicht der Sicherheit. Und daraus ergibt sich die Notwendigkeit, nur so viel Verkehr in das System zu pumpen, der im Fall der Fälle von den Controllern auch sicher abgewickelt werden kann.

Menschen sind bekanntlich mit Fehlern behaftete Wesen. Sie können wesentlich langsamer als Computer rechnen und benötigen für bestimmte Arbeiten etwas mehr Zeit als ein Hochleistungsrechner. Und Computern unterlaufen auch keine Fehler. Aber Computer arbeiten nach einem bestimmten Programm. Ein Programm das ihnen von irgendjemand eingeflößt wurde. Tritt dann eine Situation ein, die bei diesem Programm nicht vorgesehen wurde, dann wird der Computer diese Situation nicht lösen können. Ganz einfach, weil er alternative Lösungsmöglichkeiten nicht kennt bzw. sie bei den unzähligen Möglichkeiten, welche von Computern der „Künstlichen Intelligenz" miteinander verglichen werden, nicht vorkommen. Der Mensch ist jedoch in der

Lage, auch auf unvorhergesehene Situationen flexibel zu reagieren. Und deshalb muss die Forderung, die ich in den achtziger Jahren immer wieder gehört habe, auch weiterhin seine Gültigkeit haben: „The Controller must stay in the loop". Es wäre fatal, wenn moderne Flugsicherungsmanager diesen Grundsatz über Bord werfen würden.

Der Mensch verfügt auch noch über eine weitere Fähigkeit, die in diesem Zusammenhang nicht unerwähnt bleiben soll. Er ist in der Lage, in der Art und Weise, wie sein Gegenüber ihm etwas mitteilt, mehr heraushören als die in Worte gefasste Nachricht. Bei der Luftfahrt betrifft dies den Sprechfunk. Der hat, wie bereits erwähnt, so seine Tücken. Ganz einfach, weil ein Mensch sich eben auch einmal versprechen oder, was in diesem Zusammenhang von größerer Bedeutung ist, auch einmal verhören kann. Wenn ein Pilot – aus welchen Gründen auch immer - den falschen „Level" oder den falschen Luftdruckwert zurückliest und der Controller dies nicht bemerkt, dann kann dies fatale Folgen haben. Deshalb wurde die Idee geboren, den Sprechfunk durch einen Datalink zu ersetzen. Der Fachbegriff hierfür lautet CPDL bzw. CPDLC steht. Was für „Controller-Pilot-Data-Link" bzw. „Controller-Pilot-Data-Link-Communication" steht. Zudem haben irgendwelche klugen Leute errechnet, dass bei den prognostizierten Zuwachsraten im Luftverkehr und der Tatsache, dass man viele Kontrollsektoren nicht mehr weiter verkleinern kann, den Controllern und Piloten nicht mehr ausreichend Zeit zur Verfügung stehen wird, um ihre Meldungen bzw. Freigaben mit Hilfe des Sprechfunks an den Mann zu bringen. Abhilfe könnte deshalb ein „Data Link" bringen. Was bedeutet, dass eigentlich nichts gegen CPDL bzw. CPDLC spricht.

Viele Meldungen, die zu meiner Zeit noch per Funk übermittelt wurden, bieten sich ohne weiteres für eine Übermittlung per „Data Link" an. Bei einigen wie zum Beispiel bei den Streckenfreigaben, die zu meiner Zeit meist zusammen mit der „Start-Up-Clearance" übermittelt wurden, wurde dies auch schon umgesetzt. Und bei der Kontrollzentrale für den Oberen Luftraum in Maastricht nutzen die Controller dieses Medium schon, um mit den Piloten zu kommunizieren. Nicht mit allen, aber ein Anfang ist gemacht.

Doch ganz abgesehen von der Tatsache, dass man sich nicht nur versprechen und verhören, sondern auch vertippen und verlesen kann und wir zudem in Stresssituationen nicht nur gerne das hören, was wir zu hören erwarten, lesen wir auch ganz gerne das, was uns am besten gefällt bzw. unseren Erwartungen entspricht. Und es muss gefragt werden, ob es bei Anweisungen und Freigaben, die eigentlich schnell umgesetzt werden müssen, nicht effektiver ist, diese per Sprechfunk zu übermitteln. Schließlich geht eine Freigabe „Descent to flight level 100" oder ein „turn right heading 230 to intercept the localizer" vom Controller direkt ins Ohr eines Piloten und der kann dann auch sofort darauf reagieren. Das scheint effektiver zu sein, als eine solche Anweisung von einem Display abzulesen und sie durch einen Knopfdruck zu bestätigen. Darüber hinaus ist der Sprechfunk nicht nur ein Medium, mit welchem Nachrichten übermittelt werden. Er gibt auch einen Hinweis über die Gemütslage bzw. die Situation, welcher das Gegenüber ausgesetzt ist. Zum Beispiel, ob sich ein Controller oder ein Pilot im Stress befindet. Ich erinnere mich da an ein europaweites Pilot-Controller-Meeting in Maastricht. Dort berichtete ein 747-Kapitän der KLM, dass er von seinem Co-Piloten gefragt wurde, welche Anweisungen eines Controllers man sofort ausführen müsse und mit welcher man sich Zeit lassen könne. „Das kann ich Dir auch nicht sagen", beantwortete er die Frage. „Aber normalerweise hörst Du es an seiner Stimme!"

Keine Frage - Flugsicherungsdienstleister stehen unter wirtschaftlichem Druck. Und sie versuchen natürlich, an allen möglichen Ecken zu sparen. Ohne, wie sie nicht müde werden zu behaupten, die Sicherheit zu gefährden. Eine dieser Möglichkeiten besteht darin, bestimmte Dienste zu zentralisieren. Also zum Beispiel,

Kontrollzentralen und Fluginformationsdienste zusammenzulegen. Was ja auch Sinn des SES ist. Nun kamen einige Flugsicherungsdienstleister auf die Idee der „Remote Tower". Die Idee dahinter ist, Controller an weniger ausgelasteten Flughäfen (wie zum Beispiel in Saarbrücken, in Dresden oder in Erfurt) von dort abzuziehen und sie an einem zentralen Ort, an einem „Remote Tower Center (RTC)" zusammenzuführen. Von dort sollen sie dann den Verkehr an diesen Flughäfen kontrollieren. Wobei die Verkehrslage an diesen Flughäfen mit diversen Hilfsmitteln an diesen „Remote Tower" übermittelt und dort dargestellt werden soll. Das hört sich zunächst gut an, hat aber, was die „soft factors" betrifft, ein paar Nachteile.

Nun soll nicht behauptet werden, dass sich dieses Konzept nicht technisch realisieren lassen würde. Natürlich kann es dies. Aber ohne Menschen ist Technik eigentlich nichts und wenn nun die Flugsicherung an bestimmten Flughäfen personell nicht mehr vor Ort ist, dann geht an diesen Flughäfen das

„Flugsicherungs-Know-How" verloren und die Controller in diesem RTC werden früher oder später das Verständnis über die Vorgänge und internen Verfahren „ihres" Flughafens verlieren. Zudem kommt, dass der Verkehr an diesen Flughäfen ja nicht deshalb zunimmt, weil die Controller irgendwo in einem RTC arbeiten. Und die Controller werden sich zu bestimmten Zeiten bei geringem Verkehrsaufkommen auch weiterhin langweilen. Gleichgültig ob sie vor Ort sitzen oder im RTC ihren Dienst verrichten.

Wirtschaftlich macht ein „Remote Tower" nur dann einen Sinn, wenn diese Controller nicht nur einen Flughafen, sondern mehrere arbeiten dürfen, also Berechtigungen mehrer Platzkontrollstellen besitzen. Dann sind sie natürlich flexibler einsetzbar und personelle Ausfälle sind leichter zu verkraften. Richtig wirtschaftlich wird es jedoch, wenn ein Controller nicht nur einen Flughafen, sondern gleich mehrere gleichzeitig bearbeitet. Doch wenn dieser dann an dem einen Flughafen eine kritische Verkehrssituation bereinigen und an dem anderen gleichzeitig einen Notfall abwickeln muss, dann ist leicht einzusehen, dass er dann überlastet sein wird. Überlastete Controller sind jedoch nicht unbedingt ein Garant für die erforderliche Sicherheit. Aber wirtschaftlich macht dieses Konzept unter den oben beschriebenen Voraussetzungen durchaus Sinn. Das Dumme daran ist jedoch, dass man der Sicherheit kein Preisschild ankleben kann. Wie teuer sie ist, kann nur festgestellt werden, wenn sie mal nicht mehr vorhanden ist.

Und noch ein Aspekt sollte dabei nicht unterschlagen werden – nämlich der Ausfall eines technischen Systems. Zum Beispiel einer Kamera an einem dieser Flughäfen oder gar des RTC. Im ersten Fall befinden sich ja keine Controller mehr vor Ort, die den Ausfall durch ihren Ideenreichtum kompensieren können. Und durch den Ausfall des RTC wird dann eben nicht ein, sondern gleich mehrere Flughäfen lahm gelegt.

Mein Versuch, die mögliche Entwicklung der Flugsicherungstechnik und -verfahren kritisch zu hinterfragen, sollte nicht als Technikfeindlichkeit verstanden werden. Menschlicher Erfindungsgeist wird immer zu technischen Neuerungen führen. Technik ist auch immer neutral. Entscheidend ist, wie wir Menschen damit umgehen und was wir daraus machen. Das gilt auch für die Flugsicherung, die ziemlich viele Herausforderungen zu bewältigen haben wird. Allerdings sollte man sich immer fragen und abwägen, welche Auswirkungen diese technische Erneuerungen auf unser berufliches und soziales Leben haben werden. So wird natürlich das „Internet der Dinge" auch bei der Flugsicherung seine Spuren hinterlassen. Dabei geht es nicht um die Frage, ob sich der Flugdatenrechner mit der Kaffeemaschine im Tower unterhalten kann (und soll). Aber es geht um Begriffe wie „Autonomie". Wie zum Beispiel beim „Autonomen Fahren", das als Lösung unserer Verkehrsprobleme propagiert wird. Doch ist derjenige, der sich mit einem Auto führerlos zu seinem Ziel befördern lässt, wirklich autonom? Oder hat er seine Autonomie und seine Entscheidungsfähigkeit in Wirklichkeit nicht an einen Algorithmus abgeliefert? An eine Maschine, deren gedankliche Logik er nicht mehr erkennen kann und bei der er immer mehr computergenerierten Lösungvorschlägen folgt, von welchen er nicht mehr weiß, wie sie entstanden sind?

Was für das Auto gilt, trifft natürlich auch für die Luftfahrt zu. Autonome Luftfahrzeuge gibt es schon seit langem. Sie nennen sich offiziell unbemannte Luftfahrzeuge und werden im allgemeinen als Drohnen bezeichnet. Es gibt sie in allen möglichen Größen und Formen. Angefangen von jenen Spielzeugen, die man gewisssermaßen für einen „Appel und Ei“ in den Elektronikmärkten kaufen kann, bis hin zu jenen Geräten, die durchaus die Größe eines Regionalflugzeugs erreichen können und vom Militär und von den Geheimdiensten für diverse Zwecke eingesetzt werden können. Für Aufklärungszwecke zum Beispiel. Oder um beim Kampf gegen den Terror irgendwelche Staatsfeinde elegant um die Ecke zu bringen.

Zur Zeit werden sie noch vom Boden aus gesteuert - entweder von Hobbypiloten, die ihr Luftfahrzeug im Elektronikmarkt erstanden haben oder von professionellen (militärischen) Drohnenpiloten, die irgendwo in einem gut klimatisierten Bunker sitzen und von dort aus, Kaffee trinkend und Erdnüsse knabbernd, irgendwo auf der Welt einen vermeintlichen Bösewicht ins Jenseits befördern. Theoretisch könnten diese Drohnen auch völlig autonom, also ohne Piloten von A nach B fliegen und so ihren Aufgaben nachkommen. Weshalb soll das nicht auch bei Passagierflugzeugen funktionieren? Die dann von Algorithmen gesteuert werden, deren Logik möglicherweise selbst von Ingenieuren nicht mehr verstanden wird. Kontrolliert von einem autonomen Flugsicherungssystem, dessen computergesteuerte Lösungsvorschläge von keinem Controller mehr verstanden werden. Für selbstverliebte IT-Ingenieure und gewinnorientierte Manager der Himmel auf Erden, für andere ein Horrorszenario. Letztere werden hoffen, dass den Controllern auch zukünftig die Autonomie über die

Verkehrsabwicklung erhalten bleibt und sie diese nicht an irgendwelche Algorithmen abgeben müssen. Aber wie meinte ein ZEIT-Redakteur bereits vor einigen Jahren: „Richtig große Fehlschläge gelingen erst, wenn technikverliebte Ingenieure sich mit überehrgeizigen Managern zusammentun und Politiker im großzügigen Subventionieren das Desaster perfekt machen." Bleibt zu hoffen, dass die Flugsicherung bzw. das Air Traffic Management von einer solchen Entwicklung verschont bleibt.

Die Art, wie und mit welchen technischen Systemen Flugsicherung bzw. das Flugverkehrsmanagement in Zukunft durchgeführt werden wird, wird sich ganz bestimmt ändern bzw. weiterentwickeln. In den Innovationsabteilungen der Flugsicherungsdienstleister wird daran gearbeitet, welche Vorteile das Internet der Dinge für das Flugverkehrsmanagement bietet. Und zweifellos werden sich die Folgen der Coronakrise, die die (zivile) Luftfahrt in eine destrasiöse Lage versetzt hat, auch auf die

Flugsicherung auswirken. Was sich (hoffentlich) nicht ändern wird, ist jedoch die Faszination des Berufs eines Fluglotsen bzw. eines Air Traffic Controllers und seiner Rolle im Luftverkehr. Auch wenn beim Niederschreiben meiner Erinnerungen durchaus jene Gefahr besteht, die man als „Veteranen reden auch gerne vom Krieg" bezeichnet, so bin ich doch irgendwie – man verzeihe mir den Ausdruck - stolz, 26 Jahre lang den Beruf eines Air Traffic Controllers ausgeübt zu haben. Und ganz ehrlich – ich würd´s wieder tun.

Nachwort

Dieses Buch ist keine Geschichte der deutschen Flugsicherung. Es ist nicht einmal die Geschichte der Flugsicherungsstelle oder DFS-Niederlassung Stuttgart. Auch wenn ich dort, abgesehen von einer kleinen Episode bei der ehemaligen Erprobungsstelle der BFS in Frankfurt, die meiste Zeit meines Controllerlebens verbracht habe. Es ist vielmehr eine Erinnerung an diese Zeit, so wie ich sie erlebt habe und so wie ich mich an sie erinnere. Einige Kollegen mögen einige Episoden etwas anders erlebt haben. Aber so ist es eben mit der menschlichen Erinnerung. Sie unterliegt nun einmal der subjektiven Sicht der Dinge. Und das ist auch gut so. Und dies gilt natürlich auch für meine kritischen Anmerkungen zur einer möglichen Zukunft der Flugsicherung. Oder, um mich der modernen Sicht der Dinge anzuschließen, des Luftverkehrsmanagements.

Möglicherweise vermissen einige Leser, dass ich – bis auf zwei Ausnahmen – bei meinen

Erinnerungen keine Namen genannt habe. Weder im guten oder im schlechten Sinne. Weil ich es für nicht besonders sinnvoll halte. Den einen sagen diese Namen ohnehin nichts und meine ehemaligen Kollegen und Mitstreiter wissen ziemlich genau, wer gemeint ist.

Zum Schluss möchte ich mich bedanken – zum einen bei meinen Kollegen, die mich diese 26 Jahre begleitet und mich während dieser Zeit „ertragen" haben. Und danken möchte ich mich bei meiner Frau, die Verständnis gezeigt hat, wenn ich mich in mein Stübchen zurückgezogen habe und die mich beim Durch- und Korrekturlesen unterstützt hat.

Über den Autor

Geboren im September 1945 in Reutlingen. Nach der Schule (Mittlere Reife) Eintritt in die Marine, wo er acht Jahre lang diente. Nach kurzer Tätigkeit bei der Bundeszollverwaltung, Eintritt in die Bundesanstalt für Flugsicherung (BFS, heute Deutsche Flugsicherung GmbH - DFS). Als Tower- und Approachlotse in Stuttgart eingesetzt. Kurze Tätigkeit bei der BFS-Erprobungsstelle, zum Schluß Betriebssachbearbeiter. Mitglied beim Berufsverband VDF, heute bei der Gewerkschaft der Flugsicherung. Redakteur der Verbandszeitschrift "der flugleiter", heute noch als freier Luftfahrtjournalist tätig.